"十三五"高等院校数字艺术精品课程规划教材
教育部－时光坐标产学合作协同育人项目实践教材

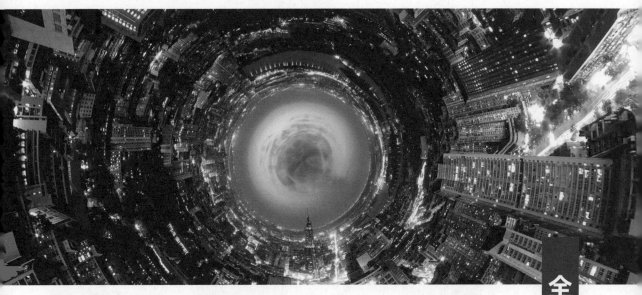

After Effects CC
数字影视合成案例教程

全彩慕课版

陈奕 陈珊 主编／姜自立 庄乾坤 副主编

U0265106

人民邮电出版社
北 京

图书在版编目（CIP）数据

After Effects CC数字影视合成案例教程：全彩慕课版 / 陈奕，陈珊主编. -- 北京：人民邮电出版社，2020.6
"十三五"高等院校数字艺术精品课程规划教材
ISBN 978-7-115-53713-3

Ⅰ．①A… Ⅱ．①陈… ②陈… Ⅲ．①图象处理软件—高等学校—教材 Ⅳ．①TP391.413

中国版本图书馆CIP数据核字(2020)第049487号

内 容 提 要

  本书从影视创作的行业需求和实战应用角度出发，以通俗易懂的语言文字，循序渐进地讲解After Effects 在影视特效制作方面的基本知识与核心功能，包括影视特效制作基础、图层与关键帧动画、Mask 蒙版与 Track Matte 遮罩、三维合成、文字动画、特效滤镜、抠像技术、跟踪与稳定、常用插件等内容，最后通过综合实战案例进行知识巩固。全书以"知识技能+课堂案例"的形式串联技能要点，让读者通过案例强化知识体系、领会设计意图、增强实战能力。书中案例大多来自影视传媒公司的一线商业项目，紧跟行业流行趋势，有利于提升读者的学习兴趣、岗位技能和创作水平。

  本书适合作为各类院校数字媒体艺术、数字媒体技术与应用、动漫与游戏制作等影视传媒类相关专业以及培训机构的教材，也可作为影视制作爱好者的参考用书。

 ◆ 主　　编　陈　奕　陈　珊
  副 主 编　姜自立　庄乾坤
  责任编辑　桑　珊
  责任印制　王　郁　马振武
 ◆ 人民邮电出版社出版发行　　北京市丰台区成寿寺路 11 号
  邮编　100164　　电子邮件　315@ptpress.com.cn
  网址　https://www.ptpress.com.cn
  北京富诚彩色印刷有限公司印刷
 ◆ 开本：787×1092　1/16
  印张：12　　　　　　　　　2020 年 6 月第 1 版
  字数：312 千字　　　　　　2024 年 12 月北京第 11 次印刷

定价：65.00 元

读者服务热线：(010)81055256　印装质量热线：(010)81055316
反盗版热线：(010)81055315
广告经营许可证：京东市监广登字 20170147 号

After Effects

FOREWORD —————————————————————— 前言

　　随着计算机技术和数字影视制作技术的快速发展，数字特效在影视创作中运用的比重越来越高，数字特效技术越来越受到影视制作行业的关注。After Effects 作为一款专业的数字影视特效制作软件，能够高效且精确地创建出精彩绝伦的视觉效果，被广泛应用于电视栏目包装、影视后期处理、网络动画制作等诸多领域。

　　本书从影视创作的行业需求和实战应用的角度出发，以通俗易懂的语言文字，循序渐进地讲解 After Effects 在影视特效制作方面的基本知识与核心功能。全书共分为 10 章，第 1 章为影视特效制作基础，主要介绍了影视特效基础知识、影视技术标准规范、常用术语及 After Effects 制作流程；第 2 章到第 9 章通过多个案例，详细讲解了影视特效制作中涉及的图层与关键帧动画、Mask 蒙版与 Track Matte 遮罩、三维合成、文字动画、特效滤镜、抠像技术、跟踪与稳定、常用插件等内容；第 10 章为综合实战，通过两个完整的商业项目制作实例，带领读者对影视特效制作的工作流程进行完整的实战演练，有利于综合提升读者的岗位技能和创作水平。

　　本书以"知识技能 + 课堂案例"的形式安排知识点的学习，结构清晰，案例丰富。

　　（1）在每一章的开头安排了"本章导读""知识目标"和"技能目标"，对各章需要掌握的学习要点与技能目标进行提示，帮助读者理清学习脉络，抓住重难点。

　　（2）在正文部分通过知识讲解与"课堂案例"，对数字影视特效技术进行详细介绍。每一个课堂案例都给出了详细的操作步骤，并录制了教学视频，图文并茂，讲解清晰，通过案例帮助读者强化知识体系，领会设计意图，增强实战能力。书中的案例大多来自影视传媒公司的一线商业项目，紧跟行业流行趋势，有利于提升读者的学习兴趣、岗位技能和创作水平。

　　（3）在每章后安排课后习题，用于巩固本章所学知识，帮助读者加深理解，拓展读者对软件的实际应用能力，帮助读者进一步掌握符合实际工作需要的影视特效制作技术。

　　本书提供立体化的教学资源，书中所有的课堂案例和课后习题均提供原始素材和源文件，配套高质量教学视频、精美教学课件和章节教案等教学文件。对于操作性较强的知识和实践案例，读者可以通过观看视频来强化学习效果。

After Effects

　　本书作为教育部－时光坐标产学合作协同育人项目——"数字媒体艺术创作"教学内容和课程体系改革成果的规划教材，由来自高校教学一线教学经验丰富的专业教师和来自时光坐标影视传媒公司行业一线的具有多年影视创作实践经验的设计师合作撰写完成。本书由陈奕、陈珊担任主编，姜自立、庄乾坤担任副主编，并邀请邵帅、王文星等相关行业人员参与了教材的创意设计及部分内容编排工作，使本书更符合行业和企业的标准；书中所有的案例和习题均经过院校教师和学生上机测试通过，力求使每一位学习本书的读者可获得成功的乐趣。

　　本书全面贯彻党的二十大精神，以社会主义核心价值观为引领，传承中华优秀传统文化，坚定文化自信，使内容更好体现时代性、把握规律性、富于创造性。

　　在本书编写过程中，我们力求精益求精，但难免存在疏漏之处，敬请广大读者批评指正。

编　者

2023 年 5 月

After Effects

CONTENTS ——————————— 目录

—01—

—02—

第 1 章 影视特效制作基础

第 2 章 图层与关键帧动画

After Effects

CONTENTS

目录

—07—

—06—

—08—

After Effects

—09—

第 9 章　常用插件

—10—

第 10 章　综合实战

01

第1章

影视特效制作基础

▶ 本章导读

　　本章对影视后期特效与 After Effects 软件基本操作流程进行讲解。通过本章的学习，读者可以对 After Effects 的基本功能与制作流程有一个大体的了解，有助于在之后章节的学习中对软件的各功能与知识点有更加深入的理解和运用。

知识目标
- 了解影视后期特效的作用。
- 了解 After Effects 软件的用途。
- 掌握影视制作基础知识与技术规范。
- 了解 After Effects 的三大面板及作用。

技能目标
- 掌握素材、合成与时间线的基本使用。
- 掌握渲染输出方法与相关设定。

影视特效制作
基础

随着计算机技术的发展，影视后期特效将计算机技术和传统影视创作结合起来，建立了全新的电影语言样式和风格，为创作者提供了无限的想象空间，也把电影人的思想从技术的束缚中解放了出来。

影视后期特效技术在影视行业掀起了滔天巨浪，同样其他领域的新技术也在引领着相关行业的变革，因此，为了在时代的浪潮中激流勇进，我国必须完善科技创新体系、加快实施创新驱动发展战略。

影视后期特效对于观众有着魔术般的吸引力，通过制作影视后期特效，不仅可以结合拍摄融入更多新的制作技术，也可以创作出利用特效才能实现的画面语言和叙事风格。通过影视后期特效可以实现在现实中难以或无法拍摄的画面，如魔幻效果、科幻效果，以及爆炸、雷雨天气等仿真效果，还能创造出原本没有的人、景、物，复原庞大的古代建筑，甚至能让现代人与历史人物对话等，如图1-1所示。

图1-1 《影》后期特效合成解析

1.1.1 影视特效合成

制作影视后期特效主要有创立视觉元素、处理画面、创建特殊效果和连接镜头的作用，这使影视特效合成在各类影视行业中不断普及。影视特效合成最常见的应用领域为电视栏目包装、三维动画以及影视广告。

1. 电视栏目包装

随着频道专业化与元素个性化的进一步加深，如今的电视节目制作基本告别了纯粹使用传统的拍摄剪辑的方式，而是结合计算机技术来制作特效，在片头包装、字幕，片花，定版Logo，导视系统中都能看到互动性、趣味性较强的影视后期制作元素，如图1-2所示。

图 1-2 电视栏目包装效果展示

2. 三维动画

将影视后期特效应用到动画片中是动画产业的一次革命。三维动画的效果与制作效率都是传统手绘的逐帧动画无法比拟的，它为观众提供了一种全新的视觉艺术感受，使动画达到了更高层次的艺术境界，如图 1-3 所示。

图 1-3 三维动画合成效果展示

3. 影视广告

影视后期特效之所以能够广泛地应用于很多领域，可以说是得益于影视广告特效的大量运用。用户可以结合广告的创意充分发挥软件所提供的强大功能。在特效技术的保证和支持下，创意不再受到传统拍摄难以满足视觉需求的限制，如图 1-4 所示。

图 1-4 影视广告包装效果展示

1.1.2 After Effects 软件概述

After Effects 是 Adobe 公司旗下的一款图形视频处理软件，能够帮助用户高效、精确地创建无数引人注目的动态特效，并且可以与众多 2D 和 3D 软件进行无缝衔接。After Effects 适用于电视栏目包装、影视广告制作、三维动画合成以及影视剧特效合成等领域，是 CG 行业中不可缺少的一个重要工具。

在本书内容中，我们将围绕 After Effects 的基础知识、常用功能和常用第三方插件，结合大量案例，系统地讲解 After Effects 这款软件。本书所有案例都是基于 After Effects CC 2017 for Windows 英文版本来实现。使用英文版不仅有助于用户接触到该领域的专业术语，也能获得第三方插件、预设、表达式等更好的支持。图 1-5 所示是 After Effects CC 2017 软件正在打开时的界面。

图 1-5　After Effects CC 2017 加载界面

　　初次启动 After Effects 显示的是"standard（标准）"工作界面。这个工作界面包括菜单栏、工具栏和常用面板。用户可以根据不同的工作需求，从工具栏中的"工作区"列表中选择预先定义好的工作区域预设，也可以自行设置工作界面，如图 1-6 所示。

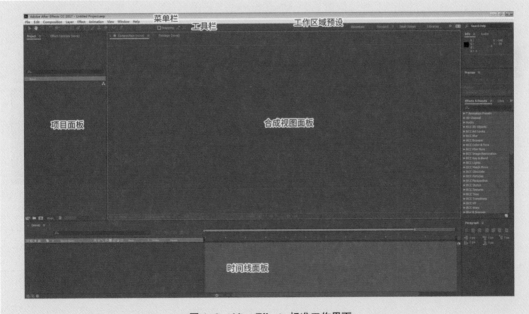

图 1-6　After Effects 标准工作界面

1. 菜单栏

After Effects 菜单栏中共有 9 个菜单，如图 1-7 所示。

File   Edit   Composition   Layer   Effect   Animation   View   Window   Help

图 1-7   After Effects 菜单栏

- "File"（文件）菜单主要包含针对文件和素材的一些基本操作，如新建项目、合成和导入素材等。
- "Edit"（编辑）菜单中包含一些常用的编辑命令。
- "Composition"（合成）菜单主要包含设置合成的相关参数以及对合成的一些基本操作。
- "Layer"（图层）菜单中包含了与图层相关的大部分命令。
- "Effect"（效果）菜单包含了所有的特效滤镜。在制作过程中主要使用特效菜单中的滤镜为视音频添加各种效果。
- "Animation"（动画）菜单主要用于设置运动关键帧及关键帧的属性等。
- "View"（视图）菜单主要用来设置视图的显示方式。
- "Window"（窗口）菜单主要用于打开或关闭浮动面板。
- "Help"（帮助）菜单主要用于浏览软件使用帮助、注册许可信息、更新等。

2. 工具栏

工具栏位于菜单栏的下方，从左至右分别为："选取工具""手形工具""缩放工具""旋转工具""摄像机工具""锚点工具""形状工具""钢笔工具""文字工具""画笔工具""仿制图章工具""橡皮擦工具""Roto 笔刷工具""操控点工具""本地轴模式""世界轴模式""视图轴模式""对齐开关""层边缘外对齐模式开关""对齐及显示折叠合成和文本特性开关"，如图 1-8 所示。

图 1-8   After Effects 工具栏

在工具栏中，右下角带有小三角符号的图标意味着这是一个工具的集合，对该图标按下鼠标左键单击，即可展开该工具集合下的其他工具，如图 1-9 所示。

3. 三大面板

（1）项目面板

"Project"（项目面板）主要用于素材与合成的管理（如归类、删除等），用户可以查看及更改每个合成或素材的尺寸、持续时间和帧速率等信息，如图 1-10 所示。

（2）合成视图面板

"Composition"（合成视图面板）是使用

图 1-9   "矩形工具"集合下的其他形状工具

After effects 创作作品时的"眼睛"，最终效果都需要在"Composition"中进行预览。用户在其中可以设置标尺、网格、参考线、画面的显示质量和显示方式，如图 1-11 所示。

（3）时间线面板

"Timeline"（时间线面板）是对图层进行后期特效处理和动画制作的主要面板，"Timeline"中的素材以层级的形式进行排列，可以制作图层的关键帧动画、设置每个图层的出入点、图层之间的叠加模式以及制作图层蒙版等，如图 1-12 所示。

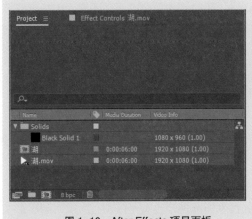

图 1-10 After Effects 项目面板

图 1-11 After Effects 合成视图面板

图 1-12 After Effects 时间线面板

1.2 标准规范与常用术语

影视特效制作是影视制作过程中的后期环节。在影片制作过程中，影视特效担任着特效合成、完善以及影片输出的任务。掌握影视制作基础知识、明确影视技术标准规范是影视特效制作非常重要的前提。

1.2.1 影视制作基本流程

一般来说，影视制作的大致流程是：文案创作、素材收集、剪辑合成、输出影片。其中影视特效合成的工作位于影视制作后期阶段，如图 1-13 所示。

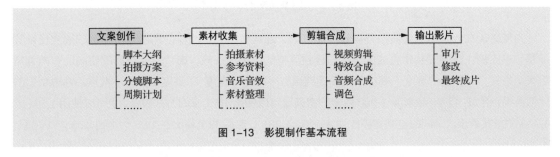

图 1-13 影视制作基本流程

作为影视特效制作人员，无论是制作简单的字幕动画，还是制作复杂的运动图形，或是合成真实的视觉效果，在使用 After Effects 的过程中也同样需要遵循该软件的基本工作流程，如图 1-14 所示。

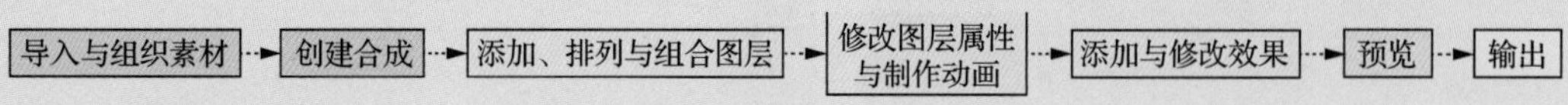

导入与组织素材
创建合成
添加、排列与组合图层
修改图层属性与制作动画
添加与修改效果
预览
输出

图 1-14　After Effects 中的常规工作流程

1.2.2　影视技术标准规范

不同行业及媒体，由于播放硬件的不同，对影片的技术标准规范也有所区别。所以在制作影视特效之前，需要确认并设置相应的影片尺寸与时长等，以保证最终输出的影片符合媒体技术标准规范的需求。

1. 视频尺寸

视频尺寸又叫作视频分辨率。视频尺寸的大小通常以像素（px）为尺寸单位，使用“宽度 × 高度”来表示。目前常见的视频尺寸有：1 280 像素 ×720 像素，1 920 像素 ×1 080 像素，以及正在普及的 4K 视频中的 3 840 像素 ×2 160 像素和 4 096 像素 ×2 160 像素等，如图 1-15 所示。

4096x2160
3840x2160
1920x1080
1280x720
720x576

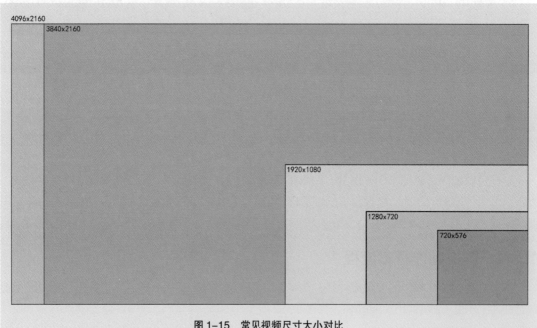

图 1-15　常见视频尺寸大小对比

为使影片在放映时不会被拉伸导致画面变形，通常要在影片制作前需确认所使用的播放设备的屏幕宽高比例，以保证制作完成的影片与放映屏幕的宽高比一致。影片以及屏幕的宽高比有两种常见表示方式，一种是“宽度：高度”的简比结果，一种是“宽度 ÷ 高度（保留小数点后两位）”的比值结果。例如，1 920 像素 ×1 080 像素的宽高比可以使用 16 ∶ 9 的方式表示，也可以使用 1.78（或 1.77）的方式表示。早期的电视宽高比为 4 ∶ 3（1.33），影院的宽高比在 1.85 ∶ 1 到 2.35 ∶ 1 之间，

当前主流的 16 ： 9 标准是电视宽高比与影院宽高比的折中方案，如图 1-16 所示。

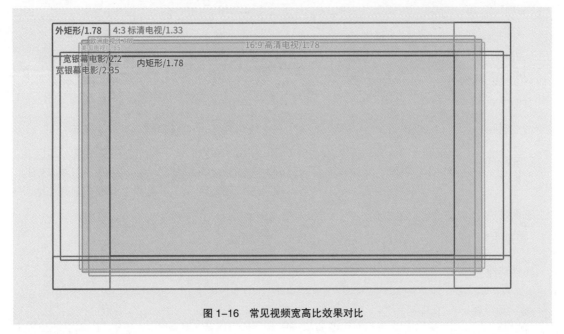

图 1-16　常见视频宽高比效果对比

2. 时长

影片时长通常由需求方的要求和相关机构的限制来决定，例如单个电视广告时长通常限定为 5 秒 /10 秒 /15 秒 /30 秒，一部院线电影时长则通常控制在 90 ～ 180 分钟。对于影片内需加入视频特效的内容来说，通常以"每秒"或"每镜头"为单位来计算特效的"制作量"，综合"制作难度"和"制作周期"等因素来计算"制作成本"。

1.2.3　常用术语与基本参数

过去，影片是以"胶片"的方式进行存储的，借助"视觉暂留"原理，胶片放映机以一定的速度播放连续的静态画面，使这些画面在人眼形成连贯的视觉印象，从而产生动感画面；同时利用胶片边缘的音轨还原出声音，这样就形成了有画面、有声音的影片。但使用胶片的影片制作成本太高，而且在播放过程中容易产生磨损。如今，影片的记录与播放不再局限于"胶片"的方式。随着科技的进步，人们借助数字媒体技术，使用某种"编码格式"，将这些连续播放的静态画面以相应的"帧速率"进行压缩，再使用指定的"封装格式"将压缩内容进行存储，得到的媒体文件就是数字影片。

1. 电视制式

"电视制式"是用来实现电视图像信号和伴音信号所采用的一种技术标准。在以前，电视使用模拟信号进行接收与播放，各国家所使用的电视制式不尽相同，主要电视制式有 PAL、NTSC、SECAM 3 种，其中我国大部分地区、新加坡、英国、澳大利亚、新西兰等国家和地区使用 PAL 制式，美国、日本、韩国及东南亚地区使用 NTSC 制式，俄罗斯、法国、东欧及非洲部分国家则使用 SECAM 制式。制式的分别主要在于帧频（场频）、分辨率、信号带宽及载频的不同，而不同的电视制式可能会存在不兼容的问题，例如在 PAL 制式的电视上播放 NTSC 制式的彩色电视影像，彩色电视影像会变为黑白画面等。主要电视制式相关参数及技术对比如表 1-1 所示。

表 1-1　主要电视制式相关参数及技术对比

电视制式	NTSC	SECAM	PAL
帧率	29.97 帧 / 秒	25 帧 / 秒	25 帧 / 秒
分辨率	720 像素 ×480 像素	720 像素 ×576 像素	720 像素 ×576 像素
扫描线	525 行 / 帧	625 行 / 帧	625 行 / 帧
开发国家	美国	法国	德国
成立时间	1953 年	1966 年	1967 年
采用国家和地区	美国等大部分美洲国家以及日本、韩国、菲律宾等国家和地区	俄罗斯、法国、东欧、埃及以及非洲部分法语系国家等国家和地区	除北美、东亚部分地区、中东、法国及东欧以外的世界上大部分国家和地区
画面效果	会闪烁	细致	较稳定
兼容性	最佳	较差	佳
转换特性	NTSC ⟷ PAL 容易 NTSC ⟷ SECAM 较难	SECAM ⟷ PAL 容易 SECAM ⟷ NTSC 较难	PAL → NTSC 容易 PAL → SECAM 容易

随着数字电视的普及和世界各国在地面数字电视广播技术领域的研究与发展，出现了许多数字电视标准制式。例如，我国大部分地区使用的 CTTB 标准，欧洲、北非等部分地区使用的 DVB-T 标准，美国、韩国等国家使用的 ATSC 标准等。相比传统模拟信号时期的电视，数字电视支持更大的图像分辨率，具有更优质的清晰度，具备更高的信号带宽等优势。

2. 扫描格式

扫描格式是视频标准中最基本的参数，其原理为视频播放设备将接收到的信号转换为图像的扫描过程中，从图像第一行开始从左到右水平前进，当第一行扫描结束，扫描点就会快速回到下一行左侧的起点开始扫描，直至扫描完成一幅完整的图像后，再返回到第一行起点开始新一帧的扫描。行与行之间的返回过程称为"水平消隐"，扫描完成一帧后开始新一帧扫描的时间间隔称为"垂直消隐"。

过去，由于受到电视广播技术限制的原因，需要通过"隔行扫描"的方式来解决图像传输与图像显示的问题。即采用"扫描帧的全部奇数场（奇场或上场）"与"扫描帧的全部偶数场（偶场或下场）"两个场构成每一帧画面。在每一帧画面的显示过程中，首先显示其中一个场的交错间隔内容，再显示另一个场的内容来填充前一个场的缝隙。如果优先显示的是奇数场，则叫作"奇场优先"或"上场优先"；如果优先显示的是偶数场，则叫作"偶场优先"或"下场优先"。而计算机则是以非交错形式显示视频，即每一帧画面由一个扫描场完成，叫作"逐行扫描"，简称"逐行"，如图 1-17 所示。

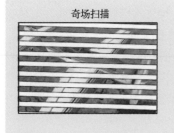

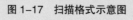
图 1-17　扫描格式示意图

我们在使用 After Effects 导入视频素材时,如果出现素材解释的"场"设置与视频文件的场不匹配的问题,那么视频素材的显示质量就会受到很大的影响。例如播放时会出现画面模糊或画面抖动等问题。遇到类似情况,就需要对素材的扫描格式进行匹配,如图 1-18 所示。

3. 像素宽高比

像素宽高比是指画面中一个像素单位的宽度与高度之比。在计算机中,显示图像的像素都是方形像素,即像素宽高比为 1;而在电视制式中使用的像素是矩形像素。例如在早期国内电视使用的 PAL 制式规定画面分辨率为 720 像素 ×576 像素,并非标准的 4:3 比例,所以通过像素宽高比把方形像素"拉长",即可保证 PAL 制式规定的画面 4:3 比例,如图 1-19 所示。

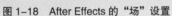

图 1-18 After Effects 的"场"设置

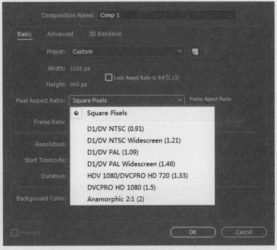

图 1-19 After Effects 像素宽高比设置

4. 视频编码格式

"视频编码格式"来源于有关国际组织、民间组织和企业制定的视频编码标准。通过视频编码,使视频清晰度在有一定保证的前提下缩小视频文件占用的存储空间。常见的"视频编码格式"有 MPEG、Quicktime、H.264、H.265 等。

5. 视频封装格式

承载视音频编码数据的"容器"就是"视频封装格式"。一般来说,视频文件的扩展名就是"视频封装格式"。"视频封装格式"与"视频编码格式"的名称有些是一致的,如 MPEG、WMV、RMVB 等格式,既是编码格式,也是封装格式;有些是不一致的,如 MKV 可容纳多种不同类型的视音频编码,但其本身只是万能的"视频封装格式"。常见的"视频封装格式"有 FLV、MOV、MP4、AVI、WMV、TS、MKV 等。

6. 编解码器

由于视频本身是通过编码和封装形成的,需要相应的解码器对视频进行解算才可以正常播放或编辑。由于不同播放器包含的解码器数量和种类不同,以及 After Effects 软件自身并不包含一些解码器,所以需要添加更多的解码器进行补充,使播放器以及视频编辑类软件能够支持更多格式的视频。如 After Effects 软件必需的"QuickTime"编解码器和其他包含大量常用解码器的软件,在安装到 Windows 系统中后可极大地扩展 After Effects 及其他非编类软件对视频格式的支持,如图 1-20 所示。

7. 帧速率

每秒播放的静态画面数量（静止帧格数）就是视频的"帧速率"，通常用"fps"（帧/秒）表示。高的帧速率可以得到更流畅的动画，但帧数越高意味着同一时长内的视频要存储更多的画面，视频文件的体积也会随之增加。目前，国内大多数视频（PAL制式）帧速率为25fps，部分国家的视频（NTSC制式）帧速率为30fps，院线电影的帧速率为24fps。在 After Effects 中创建合成时，可以通过预设或自定义来设置合成的帧速率，如图 1-21 所示。

图 1-20　QuickTime Player

8. 色彩空间

After Effects 使用 RGB（红绿蓝）方式表达颜色，根据3种颜色混合形成的光量来描述各种色彩。RGB 是一种颜色模型，具备多个色彩空间，包括 ProPhoto RGB、Adobe RGB、sRGB IEC61966-2.1 和 Apple RGB（按色域大小的降序顺序排列）。虽然其中每个色彩空间均使用相同的3个轴（R、G 和 B）定义颜色，但它们的色域和色调响应曲线却不相同，如图 1-22 所示。

图 1-21　After Effects 合成中的帧速率设置

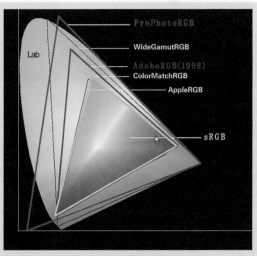

图 1-22　常见色彩空间对比

虽然许多设备都使用红色、绿色和蓝色组件来记录或表达颜色，但这些组件具有不同特性。例如，一个摄像机的蓝色与另一个摄像机的蓝色不完全相同。记录或表达颜色的每台设备均具有自己的色彩空间，在将图像从一台设备移至另一台设备时，由于每台设备会按照自己的色彩空间解释 RGB 值，因此图像颜色可能会看起来有所不同。可通过颜色配置文件将颜色从一个色彩空间转换为另一个色彩空间，使颜色在一台设备与另一台设备之间看起来相同，如图 1-23 所示。

9. 颜色深度

颜色深度（或位深度）是用于表示像素颜色的每通道位数（bpc）。每个 RGB 通道的位数越多，每个像素可以表示的颜色就越多，如图 1-24 所示。

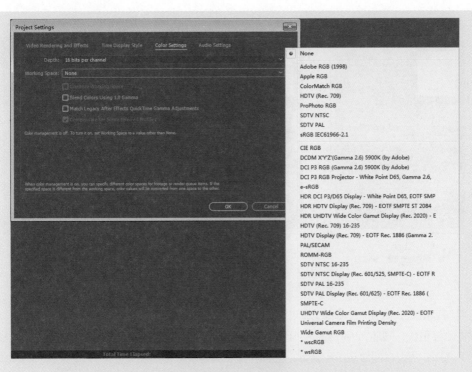

图 1-23 转换色彩空间

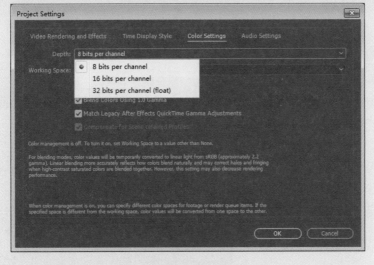

图 1-24 颜色深度

在 After Effects 中，有 8bpc、16bpc 或 32bpc 3 种颜色深度显示方式。8bpc 方式的每个颜色通道可以具有从 0（黑色）到 255（纯饱和色）的值，16bpc 方式的每个颜色通道可以具有从 0（黑色）到 32 768（纯饱和色）的值。如果所有 3 个颜色通道都具有最大纯色值，则结果是白色。32bpc 方式的颜色通道以"float"（浮点）值来表示，可以具有低于 0.000 0 的值和超过 1.000 0（纯饱和色）的值，因此 After Effects 中的 32bpc 颜色也是高动态范围（HDR）颜色，HDR 值可以比白色更明亮，如图 1-25 所示。

8 bpc	16 bpc	32 bpc
每个颜色通道范围: 0～255	每个颜色通道范围: 0～32 768	float（浮点值）

图 1-25　3 种颜色深度值对比

需要注意的是，因为 16bpc 方式使用 32bpc 方式的一半内存，所以使用 16bpc 方式在项目预览和渲染时会更快，同理，8bpc 方式则使用更少内存。但由于颜色深度与品质成正比，所以对于颜色深度的选择，需要在图像品质和计算机处理性能之间进行权衡。

1.3　After Effects 的制作流程

1.3.1　素材导入与管理

创建项目后，我们可以在项目面板中将素材导入该项目。After Effects 可自动解释许多常用媒体格式，可以通过"解释素材"命令自定义帧频率和像素长宽比等属性，也可以双击"素材"，设置其开始和结束时间以符合合成需求，如图 1-26 所示。

1.3.2　合成的创建与修改

我们可以使用素材或自定义创建合成。在同一项目中可以创建一个或多个合成。合成是框架，任何素材项目都可以是合成中一个或多个图层的源，如图 1-27 所示。

合成的基础设置

图 1-26　"解释素材"窗口

图1-27　创建与修改合成窗口

1.3.3　时间线与素材编辑

我们可将素材拖曳到合成的时间线面板中，通过合成视图面板与时间线面板在空间和时间上排列图层，可以使用蒙版、混合模式、形状图层、文本图层、绘画工具来创建自己的视觉元素，还可以修改图层的基础属性，使用关键帧和表达式使图层属性的任意组合随着时间的推移而发生变化，以及为图层添加效果滤镜等，如图1-28所示。

图1-28　时间线与素材编辑

1.3.4 合成效果预览

我们可以通过指定预览的分辨率和帧频率以及限制合成预览的区域和持续时间来更改预览的速度和品质，也可以使用色彩管理功能来预览合成效果在其他输出设备上将呈现的外观，如图 1-29 所示。

1.3.5 渲染输出

我们可以将一个或多个合成添加到渲染队列中，对输出模块与输出路径进行设置并渲染，如图 1-30 所示。

常用的输出设置

图 1-29　动画预览设置面板

图 1-30　渲染队列面板

02

第 2 章

图层与关键帧动画

▶ 本章导读

　　本章对 After Effects 图层的基本功能特点和关键帧动画基础知识进行讲解。通过本章的学习，读者可以对 After Effects 图层的五大变换属性、继承、关键帧动画和动画图表编辑器有一个大体的了解，有助于在制作动画过程中应用相应的知识点，完成图层设置及动画制作任务。

知识目标
- 了解图层的五大变换属性。
- 熟练掌握层级关系。
- 熟练掌握继承的使用方法。
- 熟练掌握动画关键帧的设置、编辑方法。
- 熟练掌握动画图表编辑器的使用技巧。
- 掌握关键帧动画的复制粘贴技巧。

技能目标
- 掌握"汽车停车动画"的制作方法。
- 掌握"弹跳的足球动画"的制作方法。

图层与关键帧动画

2.1 图层

After Effects 作为 Adobe 公司的系列软件之一，继承了基于图层的工作模式。图层是 After Effects 中极其重要的基本组成部分。在"时间线"面板上，我们可以直观地观察到图层按照顺序依次叠放，位于上方的图层内容将影响其下方的图层内容的显示结果，同一合成的图层之间可以通过混合模式产生特殊的效果，还可以在图层上加入各种效果器等。

2.1.1 图层的基本属性

图层具有 5 个基本变换属性，分别是"Anchor Point"（锚点）、"Position"（位置）、"Scale"（缩放）、"Rotation"（旋转）和"Opacity"（不透明度）。5 个基本属性均包含在"Transform"（变换）命令中，如图 2-1 所示。

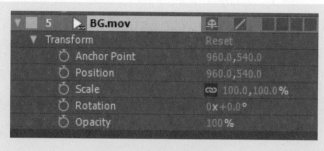

图 2-1　图层五大变换属性

（1）Anchor Point（锚点）：图层的轴心点坐标（快捷键：A）。二维图层包括 X 轴和 Y 轴 2 个参数（三维图层包括 X 轴、Y 轴和 Z 轴 3 个参数）。

（2）Position（位置）：主要用来制作图层的位移动画（快捷键：P）。二维图层包括 X 轴和 Y 轴 2 个参数（三维图层包括 X 轴、Y 轴和 Z 轴 3 个参数）。鼠标右键单击"Position"属性，执行"Separate Dimensions"（单独尺寸）命令可将 X 轴和 Y 轴分离控制。

（3）Scale（缩放）：以锚点为基准来改变图层的大小（快捷键：S）。二维图层缩放属性由 X 轴和 Y 轴 2 个参数组成（三维图层包括 X 轴、Y 轴和 Z 轴 3 个参数）。在缩放图层时，通过图层缩放属性参数左侧的"约束比例"开关，可以进行等比或不等比缩放操作。

（4）Rotation（旋转）：以锚点为基准旋转图层（快捷键：R）。旋转属性由"圈数"和"度数"2 个参数组成，如 1x+45.0° 就表示旋转了 1 圈又 45°。如果当前图层是三维图层，那么该图层有 4 个旋转属性，分别是"Orientation"（方向）、"X Rotation"（X 轴旋转）、"Y Rotation"（Y 轴旋转）和"Z Rotation"（Z 轴旋转）。

（5）Opacity（不透明度）：以百分比的方式来调整图层的不透明度（快捷键：T），范围为"0"（完全透明）~"100"（完全不透明）。

2.1.2 图层的复制与替换

当我们对合成中的一个图层设置完毕后，如果需要在合成内复制一个新的图层，先选择要复制的图层，在菜单栏中执行"Edit>Duplicate"命令（组合键：Ctrl+D），如图 2-2 所示。如果需要在其他合成中添加相同的图层，先在原合成中选择要复制的图层，在菜单栏中执行"Edit>Copy"命令（组合键：Ctrl+C），再打开另一合成，执行"Edit>Paste"命令（组合键：Ctrl+V），即可将复制的图层粘贴到该合成中，如图2-3所示。

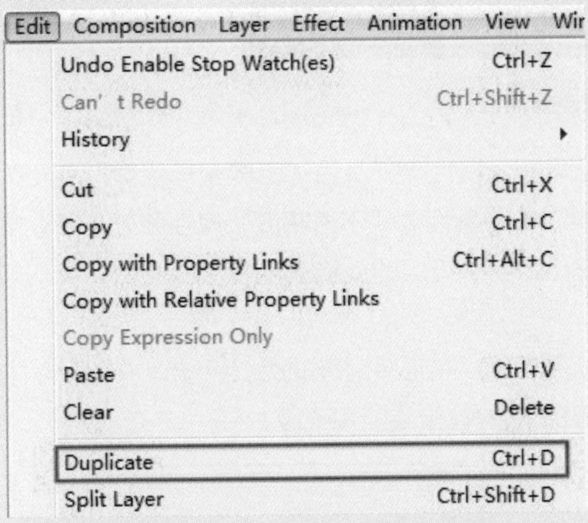

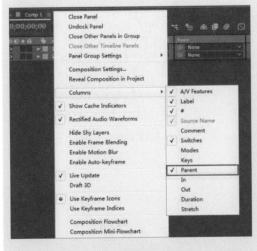

图2-2　Duplicate 复制

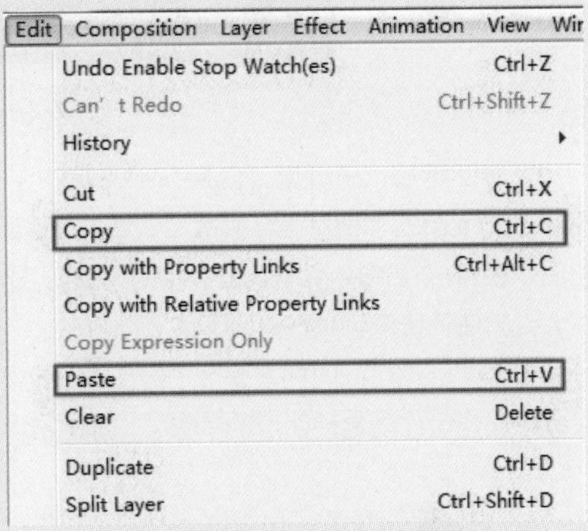

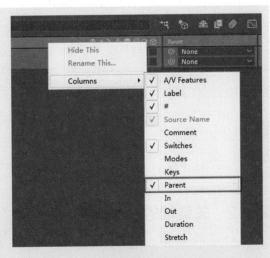

图2-3　Copy 复制与 Paste 粘贴

如果想要将时间线中的某个图层替换为另一个素材，先在时间线面板中单击被替换图层，再按住 Alt 键，将项目面板中的替换素材拖入到时间线面板，松开鼠标左键后即可完成替换。

2.1.3　继承关系

"Parent"父级，也叫"继承"或"父子关系"。在动画制作过程中，"Parent"是必不可少的功能之一。单击时间轴面板上方的"功能卷展栏"按钮■，勾选"Columns>Parent"命令，即可开启父级设置，如图2-4所示。也可鼠标右键单击时间轴面板中的"层标题栏"，勾选"Columns>Parent"命令开启，如图2-5所示。

图2-4　在功能卷展栏中开启"Parent"

图2-5　在层标题栏中开启"Parent"

开启"Parent"后，拖动继承层的"父级连接器"到被继承层上，即可与被继承层建立父子继承关系。如图 2-6 所示，继承层（B）为子级层，被继承层（A）为父级层。也可以单击右侧"Parent"下拉菜单，选择被继承层，同样可以建立父子继承关系。

图 2-6　父级连接器

完成继承后，子级层"变换"中的属性（"不透明度"属性除外）由"世界坐标参数"变更为相对于父级层的"相对坐标参数"，当父级层"变换"中的属性（"不透明度"属性除外）发生变化时，在合成视图中子级层也会相对于父级层产生变化，而子级层的变换属性发生变化时，父级层不会受到任何影响。

每个图层都可同时拥有多个子级图层，但作为子级的图层，其直接父级的图层只能有一个。同时，父级图层也可作为其他图层的子级，但不可作为其子级图层的直接或间接子级。

2.2　关键帧动画

关键帧技术是计算机动画中运用广泛的基本方法。在 After Effects 中，制作动画主要是使用关键帧配合动画曲线编辑器来完成的。所有影响画面图像变化的参数都可以作为关键帧，如位置、旋转、缩放等。

2.2.1　关键帧动画的概念

关键帧的概念来源于传统的卡通动画。在早期的迪士尼工作室中，熟练的动画师负责设计卡通片中的"关键画面"，再由一般的动画师绘制"过渡画面"。如今，"过渡画面"可以通过计算机来完成。After Effects 可以依据前后两个关键帧来识别动画的起始和结束状态，并自动计算中间的动画过渡来产生视觉动画，如图 2-7 所示。

在 After Effects 中，关键帧动画至少需要两个关键帧才能产生作用，第 1 个关键帧表示动画的初始状态，第 2 个关键帧表示动画的结束状态，而中间的动态则由计算机通过插值计算得出。

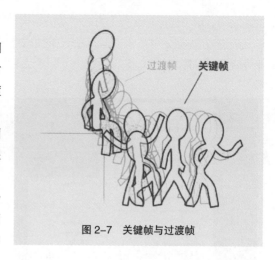

图 2-7　关键帧与过渡帧

2.2.2　关键帧的设置方法

在 After Efects 中，展开"Label"（标签） 左侧的"图层属性"卷展栏 ，可以看到很多属性的左侧都有一个"码表"按钮 。单击"码表"按钮，可将"码表"变更为"激活"状态 ，此时在"时间线"面板中的任何时间进程都可以通过增加新的关键帧来制作该属性的关键帧动画；若再次单击"码表"按钮，可将"码表"变更为"未激活"状态◎，此时该属性中所有设置的关键帧都将被删除，且该属性的参数数值将保持当前"时间指示器"所在时间点的参数数值。

激活"码表"后，在当前"时间指示器"位置会生成一个相应的关键帧。将"时间指示器"移动到其他时间位置，调整码表对应属性的数值后，会在当前时间位置自动生成一个关键帧。也可以单击时间轴左侧的"添加关键帧"按钮◇，则会在当前"时间指示器"位置新增关键帧（如按钮为蓝色◆，单击则会删除当前"时间指示器"位置下的关键帧），如图2-8所示。

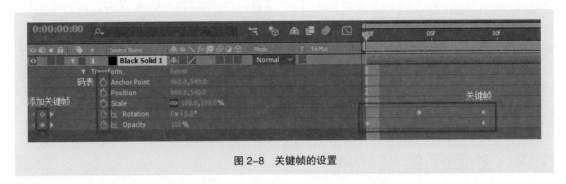

图2-8 关键帧的设置

2.2.3 关键帧的插值设置

插值就是在两个预知的数据之间通过某种计算方式得到的中间数据，在数字视频制作中意味着在两个关键帧之间插入新的数值。使用插值方法可以制作出更加自然的动画效果。

常用的插值方法有两种，分别是"Linear"（线性插值）和"Bezier"（贝塞尔插值）。"Linear"就是在关键帧之间对数据进行平均分配，"Bezier"是基于贝塞尔曲线的形状来改变数值变化的速度。

如果要改变关键帧的插值方式，选择需要调整的一个或多个关键帧，然后执行菜单栏"Animation>Keyframe Interpolation"命令，或对已选中的一个或多个关键帧单击鼠标右键，选择"Keyframe Interpolation"，在"关键帧插值"窗口中进行详细设置，如图2-9所示。

（1）Temporal Interpolation（时间插值）：影响该关键帧属性随时间变化的方式，有"Linear"（线性）、"bezier"（贝塞尔曲线）、"Continuous Bezier"（连续贝塞尔曲线）、"Auto Bezier"（自动贝塞尔曲线）和"Hold"（定格）5种方式。当时间插值设置为"bezier"或"Continuous Bezier"时，可使用动画曲线编辑器对时间插值变化进行调整。

（2）Spatial Interpolation（空间插值）：影响该关键帧所属的运动轨迹。有"Linear"（线性）、"bezier"（贝塞尔曲线）、"Continuous Bezier"（连续贝塞尔曲线）和"Auto Bezier"（自

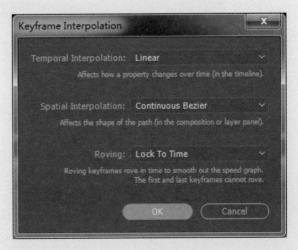

图2-9 "关键帧插值"窗口

动贝塞尔曲线）4种方式。当设置为"Bezier"或"Continuous Bezier"时，可在合成视图中对其运动轨迹形状进行调整。

（3）Roving（漂浮关键帧）：影响同一属性中3个以上关键帧变化速度的平滑结果，有"Rove Across Time"（漂浮穿梭时间）和"Lock To Time"（锁定到时间）两种方式。同一属性的起始帧和结束帧无法漂浮。当所选关键帧设置为"Lock To Time"时，则关键帧保持原状态不产生漂浮穿梭；当所选关键帧设置为"Rove Across Time"时，则通过After Effects自动解算被选择的关键帧以漂浮穿梭的形式分布在前后两个非漂浮穿梭状态的常规关键帧之间。拖动相邻的两个常规关键帧时，漂浮关键帧所在时间的位置会随之变化，也可通过对选中的关键帧单击鼠标右键，选择"Rove Across Time"，将关键帧设置为漂浮穿梭时间。如图2-10所示，红框内的关键帧为漂浮关键帧。

图2-10　漂浮关键帧

2.3　动画图表编辑器

"Gragh Editor"（动画图表编辑器）是图层动画属性的图形表示。关键帧动画制作完成之后，为了使动画效果更加顺畅，还需使用"Gragh Editor"予以细节上的调整，如图2-11所示。

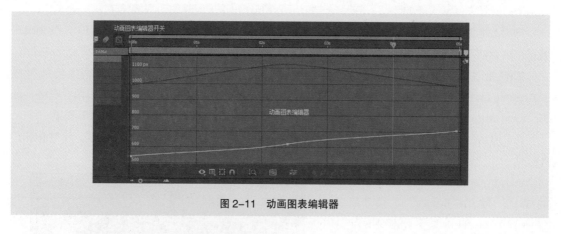

图2-11　动画图表编辑器

2.3.1　临时插值与属性变化方式

在图表视图区域中，我们可以看到关键帧对层的属性值与动画运动速率在时间轴上的变化。鼠标右键单击图表视图区域，可对视图显示内容进行设置，如图2-12所示。

- Auto-Zoom Height to Fit View：自动缩放曲线高度以适合视图。
- Show Selected Properties：显示选择的属性。
- Show Animated Properties：显示动画属性。
- Show Graph Editor Set：显示图表编辑器集。
- Auto-Select Graph Type：自动选择图表类型。
- Edit Value Graph：编辑值图表。

- Edit Speed Graph：编辑速度图表。
- Show Reference Graph：显示参考图表。
- Snap：对齐。
- Show Audio Waveforms：显示音频波形。
- Show Layer In/Out Points：显示层的入点/出点。
- Show Layer Markers：显示层标记。
- Show Graph Tool Tips：显示图表工具技巧。
- Show Expression Editor：显示表达式编辑器。

我们也可以通过"Gragh Editor"下方的工具对视图显示内容进行以上设置，如图2-13所示。

当图表视图内容为"Edit Value Graph"时，图表纵轴和运动曲线以数值变化显示；当图表视图内容为"Edit Speed Graph"时，图表纵轴和运动曲线以速率值变化显示。

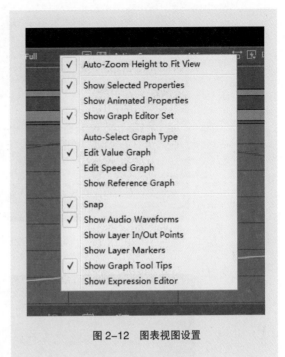

图 2-12　图表视图设置

2.3.2　关键帧插值转换

在选择关键帧后，可使用"Gragh Editor"下方的工具对关键帧插值进行相应设定，如图2-14所示，从左到右依次为"Edit selected keyframes"（编辑选定关键帧）、"Convert selected keyframes to Hold"（选定关键帧转换为定格）、"Convert selected keyframes

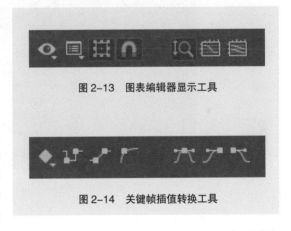

图 2-13　图表编辑器显示工具

图 2-14　关键帧插值转换工具

to Linear"（选定关键帧转换为线性）、"Convert selected keyframes to Auto Bezier"（选定关键帧转换为自动贝塞尔曲线）、"Easy Ease"（缓动）、"Easy Ease In"（缓入）、"Easy Ease Out"（缓出）。

2.3.3　动画曲线编辑

通过拖动图表视图内关键帧的手柄，可手动调整关键帧插值的变化，使动画效果更加贴合视觉需求，如图2-15所示。

"Edit Value Graph"模式与"Edit Speed Graph"模式在调整动画曲线的方式上有一定的区别。例如，在"Edit Speed Graph"模式下所有关键帧的手柄均为平行调整，而在"Edit Value Graph"模式下则可以改变手柄角度等。但两种模式均可通过调整动画曲线达到相同的动画效果，如图2-16所示。

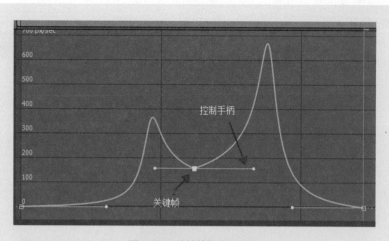

图 2-15　关键帧与控制手柄

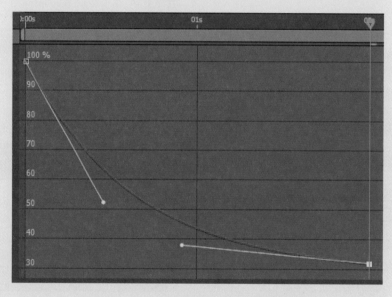

图 2-16　"Edit Value Graph"模式动画曲线编辑

2.4　课堂案例——汽车停车动画

案例学习目标：学习使用变换属性、继承、关键帧动画及图表编辑器完成动画制作。

案例知识要点：使用"Rotation"属性制作车轮旋转和车身摇摆关键帧动画，使用"Position"属性制作汽车位移关键帧动画，使用"Parent"功能使车轮与车身产生跟随运动，使用"Gragh Editor"工具编辑动画关键帧插值。效果如图 2-17 所示。

（1）双击"Project"项目面板，弹出"导入素材"对话框。选择素材"车体 .png""车轮 .png""BG.mov"3 个文件后，单击"Import"按钮将素材导入到项目面板中，如图 2-18 所示。使用组合键"Ctrl+S"保存项目，将工程命名为"汽车停车动画"，然后选择保存位置对该项目文件进行保存。

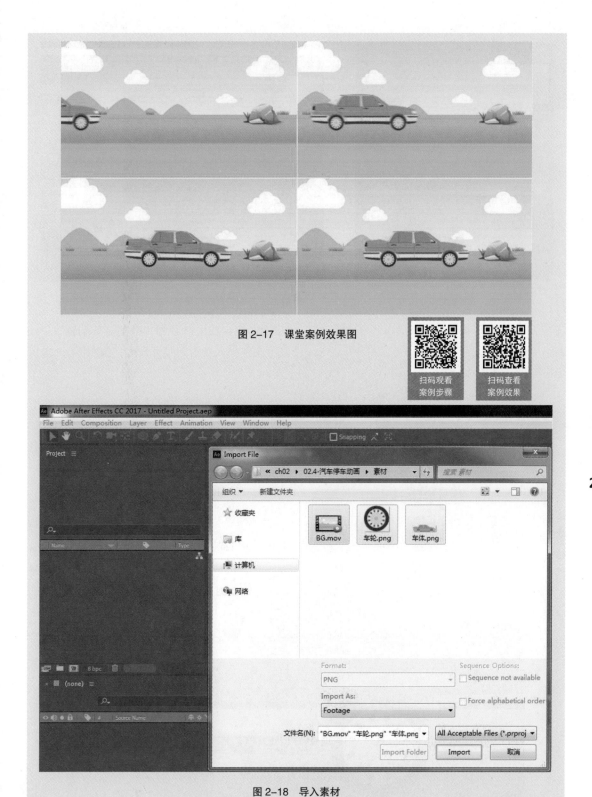

图 2-17　课堂案例效果图

图 2-18　导入素材

　　（2）将"BG.mov"文件拖到 "新建合成"按钮 位置，如图 2-19 所示，松开鼠标左键，会自动新建与该素材匹配的合成，如图 2-20 所示。

图 2-19　使用素材新建合成

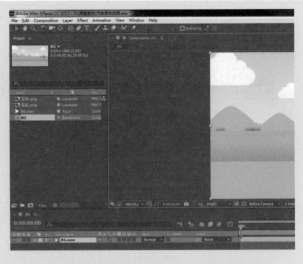

图 2-20　新建的合成与素材尺寸、时长及帧速率相同

（3）在项目面板中选择"BG"合成，按下回车键为该合成重命名为"汽车停车动画"，如图 2-21 所示，再将"车体 .png"和"车轮 .png"2 个文件拖入到时间线面板中，按照图 2-22 所示排列图层顺序。

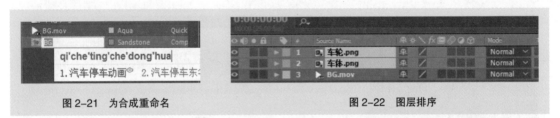

图 2-21　为合成重命名

图 2-22　图层排序

（4）选择时间线面板中的"车轮 .png"图层，在合成预览面板中通过滚动鼠标滚轮，将预览视图缩放至合适的大小，然后使用鼠标拖动车轮到图 2-23 所示的位置。

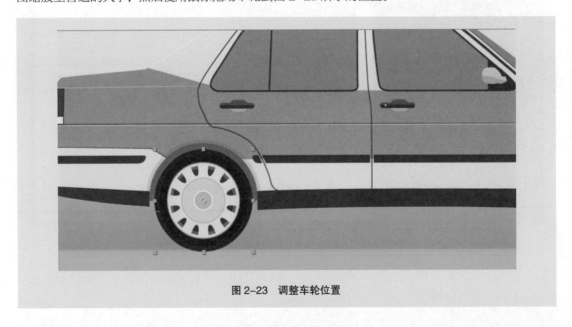

图 2-23　调整车轮位置

（5）确认"时间指示器"位于时间线起始位置，在"车轮.png"图层被选择的情况下，使用快捷键"R"调出该图层的"Rotation"属性，单击"Rotation"左侧的"码表"按钮开启关键帧设置，再将"时间指示器"移动到02s左右的时间点，拖动"Rotation"的"度数"数值，至"2x+0.0°"左右（图2-24中的数值为"1x+356.0°"）时松开，此时第2个关键帧自动生成，如图2-24所示。

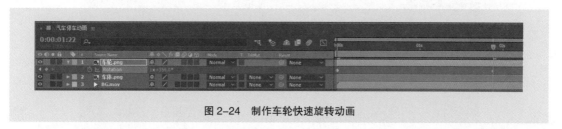

图2-24　制作车轮快速旋转动画

（6）将"时间指示器"移动到03s左右的时间点，单击"Rotation"的"度数"数值，在数值后方再次单击鼠标左键取消数值全选状态，输入"+15"后按回车键确认。此时第3个关键帧自动生成，如图2-25所示。

图2-25　制作车轮缓慢旋转动画

（7）打开"图表编辑器"，单击"车轮.png"图层中的"Rotation"属性，在图表中单击鼠标右键，选择"Edit Speed Graph"（编辑速度图表）模式，如图2-26所示。

图2-26　将"图表编辑器"设置为"编辑速度图表"模式

（8）框选图表中最后一个关键帧，单击图表下方的"Easy Ease In"按钮，使该关键帧产生缓入动画效果，拖动第2个关键帧下方端点的手柄，将曲线调整为图2-27所示。

（9）关闭"图表编辑器"，在时间线面板中选择"车轮.png"图层，使用组合键"Ctrl+D"复制一个车轮，再按快捷键"P"，调出"Position"属性，拖动X轴数值，并观察合成视图，当车轮到达图2-28所示的位置之后松开鼠标左键。

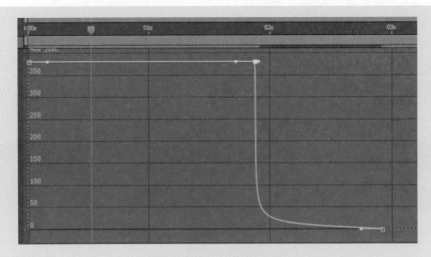

图 2-27　完成车轮旋转缓停动画

图 2-28　复制车轮并调整车轮位置

（10）在时间线面板中单击鼠标右键，执行"New>Null Object"命令，新建一个空对象。选择时间线面板中最上方的"车轮.png"图层，此时，按住"Shift"键选择"车体.png"图层，可将两个图层中间的图层同时选择。选择完毕之后，拖动3个图层任意一个"父级连接器"工具到"Null 1"图层上，完成父级继承，如图2-29所示。

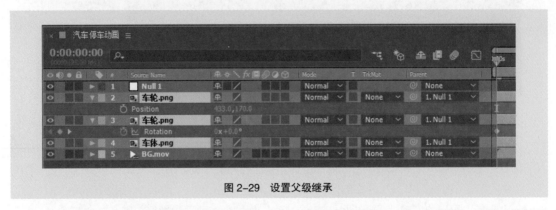

图 2-29　设置父级继承

（11）选择"Null 1"图层，使用快捷键"S"，调出该图层的"Scale"属性，通过对缩放属性的数值向左拖动来减小整辆汽车的大小，使汽车大小更匹配场景需求，如图2-30所示。

图 2-30　调整汽车大小

（12）接下来，我们要制作汽车前进的动画。将"时间指示器"移动到合成的起始时间点，选择"Null 1"图层，使用快捷键"P"，向左拖动 X 轴数值使汽车完全退出到画面左侧外，单击"Position"左侧的码表按钮开启关键帧，如图 2-31 所示。

图 2-31　为汽车设定动画起始帧

（13）选择"车轮 .png"图层，使用快捷键"U"，展开已开启关键帧的属性。单击左侧的右箭头按钮▶，将"时间指示器"定位到下一关键帧位置。向右拖动"Null 1"图层"Position"的 X 轴数值，使汽车进入到图 2-32 所示的位置。

图 2-32　制作汽车快速前进动画

（14）将"时间指示器"移动到 03s 后的位置，再次向右拖动"Null 1"图层"Position"的 X 轴数值，使汽车向右位移少许距离，如图 2-33 所示。

图 2-33　制作汽车缓慢前进动画

（15）打开图表编辑器，将"Null 1"图层的"Position"关键帧调整为图 2-34 所示。完成后，按小键盘的"0"键预览动画。

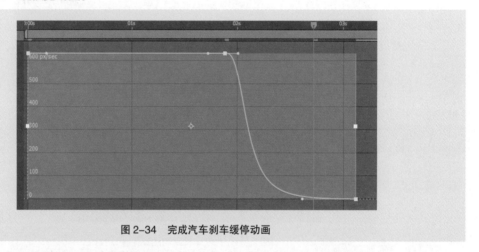

图 2-34　完成汽车刹车缓停动画

（16）此时如果动画中出现汽车轻微倒车的情况，选择"Null 1"图层所有"Position"的关键帧，对其中一个关键帧单击鼠标右键，执行"Keyframe Interpolation"（关键帧插值）命令，将"Spatial Interpolation"（空间插值）修改为"Linear"（线性）模式，即可解决该问题，如图 2-35 所示。

图 2-35　解决汽车倒车问题

（17）接下来要做汽车刹车时车身摇摆的效果。首先选择"车体 .png"图层，使用快捷键"Y"启用锚点工具，将车身锚点移动到车身下方图 2-36 所示的位置。

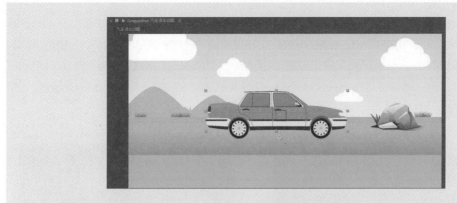
图 2-36　改变车身锚点位置

（18）使用快捷键"R"展开"Rotation"属性，利用前面步骤所积累的技巧，完成车身摇摆关键帧动画。打开图表编辑器，在图表中单击鼠标右键，选择"Edit Value Graph"模式，选择最后 5 个关键帧，单击图表下方的"Easy Ease"按钮，使图表形态如图 2-37 所示。

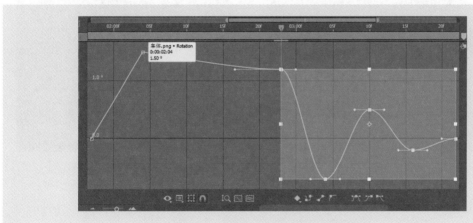
图 2-37　使用"旋转"完成车身摇摆动画

（19）关闭图表编辑器，选择所有图层，使用快捷键"U"展开所有关键帧，可根据动画节奏需求对关键帧之间的间距进行适当调整。开启图层的"运动模糊"开关 以及时间线面板上方的"启用图层运动模糊"按钮 ，使动画产生运动模糊效果，如图 2-38 所示。

图 2-38　最终调整并开启"动态模糊"

（20）接下来需要将完成的动画输出为视频。使用组合键"Ctrl+M"，将合成添加到"Render Queue"（渲染队列），单击"Output Module"（输出模块）右侧的"Lossless"（无损）选项，在弹出的"Output Module Settings"（输出设置）对话框中，将"Format（格式）"设置为"QuickTime"格式，如图 2-39 所示。再单击"Format Options…"（格式选项）按钮，将"Video Codec"（视频编解码器）设置为"H.264"后，单击"OK"（确定）按钮，如图 2-40 所示。

图 2-39　渲染设置为"QuickTime"格式

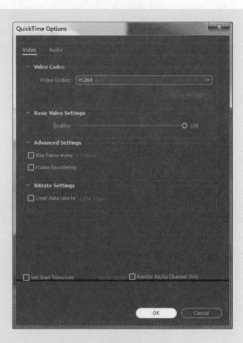

图 2-40　编解码器设置为 H.264

（21）再次单击"OK"按钮，此时"Output Module"输出模块设置完成，单击"Output To"（输出到）右侧的蓝色文字内容，为输出视频指定位置后，单击"保存"按钮，如图 2-41 所示。

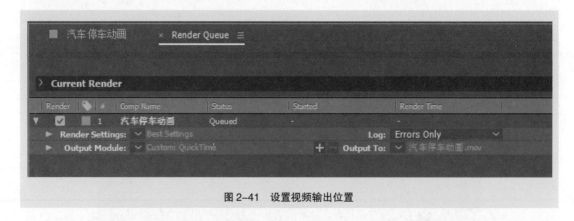

图 2-41　设置视频输出位置

（22）单击"Render Queue"面板右侧的"Render"（渲染）按钮开始进行渲染。渲染完成后，会有清脆的完成提示音（如出现绵羊提示音，则说明输出失败，需对渲染设置进行检查并重新输出）。此时"汽车停车动画"即制作完成。

2.5 | 课后习题——弹跳的足球

习题知识要点：使用"Scale"为足球制作旋转关键帧动画，使用"Parent"继承实现足球弹跳运动与撞击挤压效果，使用"Graph Editor"调整足球运动缓停动画。效果如图 2-42 所示。

扫码观看
案例步骤

扫码查看
案例效果

图 2-42 "弹跳的足球"效果图

第 3 章

Mask 蒙版与 Track Matte 遮罩

03

▶ 本章导读

　　本章对 After Effects 的 Mask 蒙版与 Track Matte 遮罩的基本功能特点和基础知识进行讲解。通过本章的学习，读者可以对 After Effects 的 Mask 蒙版、Track Matte 遮罩、形状图层等工具有一个大体的了解，有助于在制作项目过程中应用相应的知识点，完成蒙版和遮罩设置及动画制作任务。

知识目标

- 熟练掌握钢笔工具的用法。
- 熟练掌握混合蒙版的用法。
- 了解 Alpha 遮罩与亮度遮罩的区别。
- 熟练掌握遮罩的用法。
- 熟练掌握形状图层的绘制方法与属性。
- 掌握形状图层效果器的用法。

技能目标

- 掌握"Logo 动画"的制作方法。
- 掌握"动感相册"项目的制作方法。

Mask 蒙版与 Track Matte 遮罩

3.1 Mask 蒙版

After Effects 中的蒙版是用来改变图层特效和属性的路径，常用于修改图层的 Alpha 通道，即修改图层像素的透明度，也可以作为文本动画的路径。蒙版的路径分为"开放"和"封闭"两种，"开放"路径的起点与终点不同，"封闭"路径则是可循环路径且可为图层创建透明区域。一个图层可以包含多个蒙版。蒙版在"时间线面板"中的排列顺序会影响蒙版之间的交互，可通过鼠标拖动蒙版改变蒙版之间的排列顺序，也可设置蒙版的"混合模式"。

3.1.1 钢笔工具

钢笔工具位于工具栏中（快捷键：G），长按钢笔工具右下的小三角，即可展开钢笔工具集合下的其他 4 种工具，如图 3-1 所示。

图 3-1　钢笔工具

● Add Vertex Tool（添加点工具）：该工具可以在已绘制的路径中添加新的路径点。

● Delete Vertex Tool（删除点工具）：该工具用于删除蒙版或路径中已绘制的点。注意，删除点会影响蒙版和路径的形态或者连续性。

● Convert Vertex Tool（转换点工具）：该工具可以将线性点转换为平滑点。释放两个用来控制路径角度及平滑强度的调节手柄，也可以将平滑点转换为线性点，调节手柄消失。

● Mask Feather Tool（蒙版羽化工具）：该工具可以手动调整蒙版边缘的羽化效果。

AE 与平面软件结合绘制 Mask

路径转路径动画

3.1.2 Mask 参数设置

Mask 共有 4 个属性，分别为"Mask Path"（蒙版路径）、"Mask Feather"（蒙版羽化）、"Mask Opacity"（蒙版不透明度）和"Mask Expansion"（蒙版扩展），如图 3-2 所示。

● Mask Path（蒙版路径）：该属性控制蒙版的路径形态，可以制作 Mask 路径变化的关键帧动画。

● Mask Feather（蒙版羽化）：该属性控制蒙版边缘的羽化程度，默认是等比例进行羽化，也可关闭比例约束开关，进行单个轴向的羽化。

● Mask Opacity（蒙版不透明度）：该属性控制蒙版的不透明程度，与图层的 Opacity 属性类似。

● Mask Expansion（蒙版扩展）：该属性控制蒙版边缘的扩展与收缩。

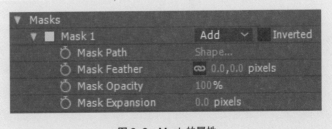

图 3-2　Mask 的属性

3.1.3 混合蒙版

混合蒙版是指通过调整 Mask 的"混合模式"进行多个蒙版之间的加减集合计算，混合蒙版菜单如图 3-3 所示。

蒙版可以通过调整其"混合模式"来反转蒙版效果，也可以通过调整多个蒙版之间的"混合模式"得到更加复杂的蒙版形状。蒙版的"混合模式"一共有 7 种，分别是"None"（无）、"Add"（相加）、"Subtract"（相减）、"Intersect"（交集）、"Lighten"（变亮）、"Darken"（变暗）和"Difference"（差值），如图 3-4 所示。

图 3-3　混合蒙版菜单

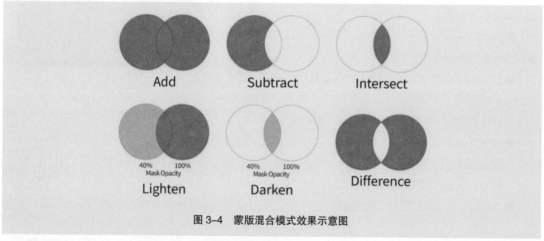

图 3-4　蒙版混合模式效果示意图

- None（无）：使路径区域不对图层起蒙版作用。
- Add（相加）：对蒙版区域内的图层起作用。
- Subtract（相减）：对蒙版区域外的图层起作用，或减去上层的蒙版区域。
- Intersect（交集）：与上层蒙版区域产生交集。
- Lighten（变亮）：与 Add 模式类似，区别在于多个蒙版相交的区域会保留不透明度值最高的蒙版区域。
- Darken（变暗）：与 Intersect 模式类似，区别在于多个蒙版相交的区域会保留不透明度值最低的区域。
- Difference（差值）：保留多个蒙版区域的补集，蒙版之间的相交区域则不保留。

3.2　Track Matte 遮罩

Track Matte 又叫作"轨道遮罩"，它包含了"Alpha"与"Luma"两种遮罩形式。在两个相邻图层之间，可通过上方 Track Matte 图层"Alpha"通道的透明信息或"Luma"通道的像素亮度信息来定义下方图层的透明度。

3.2.1　Alpha 遮罩

　　"Alpha"是指图层的透明信息通道。使用"Alpha"通道作为遮罩的选项时，上方图层中每个像素的透明信息决定下方图层相应位置像素的透明程度显示情况，如图 3-5 所示。

　　需要注意的是，只有上方图层拥有透明通道的时候我们才能使用"Alpha"遮罩模式，否则下方图层无法选择我们所需要显示的范围。也可以选择"Alpha Inverted Matte"（Alpha 反转）模式，让之前透明的区域不再透明，而之前不透明的区域变得透明，如图 3-6 所示。

3.2.2　Luma 遮罩

　　"Luma"是指图层的亮度信息通道。在上方图层没有透明通道的前提下，我们可以使用"Luma"遮罩模式，通过图层内容的黑白亮度关系来决定下方图层的显示结果，如图 3-7 所示。

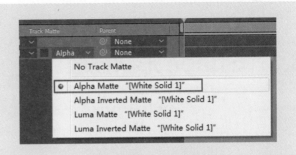

图 3-5　选择 Alpha 通道遮罩

图 3-6　Alpha 通道遮罩与 Alpha Inverted Matte 模式演示

图 3-7　亮度蒙版演示

"Luma"遮罩无须包含透明通道，但是一般这类素材中包含纯粹的亮度信息，我们可以利用亮度信息进行范围选择。与"Alpha"遮罩一样，"Luma"遮罩也有"Luma Inverted Matte"（亮度反转）模式。

3.3 Shape 形状图层

利用形状图层可以方便地创建富有表现力的背景和生动的效果，也可以对形状进行动画处理，应用动画预设，添加副本，以增强它们的效果。形状图层的创建方法与"Mask"蒙版类似，区别在于形状图层无须在一个图层的基础上进行创建，使用绘图工具绘制形状时会自动创建形状图层，如图3-8所示。

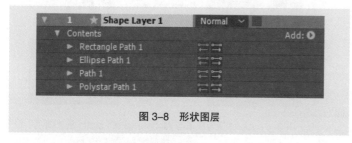

图 3-8　形状图层

3.3.1　基本形状与属性

形状图层的基本形状分为："Rectangle"（矩形）、"Ellipse"（椭圆）、"Polystar"（星形）、"Path"（路径），如图3-9所示。

图 3-9　形状图层的基本形状

（1）Rectangle（矩形）：拥有"Size"（大小）、"Position"（位置）、"Roundness"（圆角）3种属性，如图3-10所示。其中，通过调整"Roundness"属性可改变矩形四角的圆滑程度。

（2）Ellipse（椭圆）：拥有"Size"（大小）与"Position"（位置）2种属性，如图3-11所示。"Size"（大小）"属性由两个轴向组成，可以单独拉伸或者缩放某一轴向的数值来改变椭圆的宽高比，也可通过将两个轴向设为相同数值，得到正圆的形状。

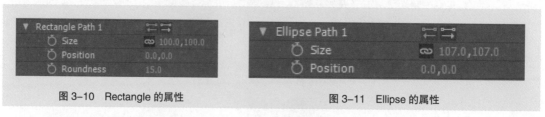

图 3-10　Rectangle 的属性　　　　　图 3-11　Ellipse 的属性

（3）Polystar（星形）：星形的属性较多，依次为"Type"（类型）、"Points"（点）、"Position"（位置）、"Rotation"（旋转）、"Inner Radius"（内径）、"Outer Radius"（外径）、"Inner Roundness"（内圆度）、"Out Roundness"（外圆度）。我们可以改变"Type"（类型）为"Polygon"

（等角多边形），也可以通过这些属性调节星形的角数、内外角的半径和圆滑程度等，如图3-12所示。

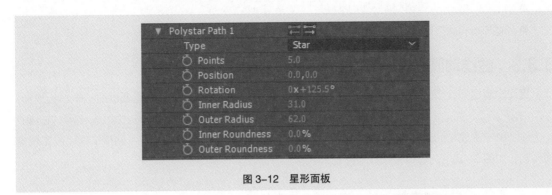

图3-12　星形面板

（4）Path（路径）：拥有"Path"（路径）属性，可在合成视图面板中使用钢笔工具绘制自定义路径，也可在形状图层中右键单击"Rectangle"（矩形）、"Ellipse"（椭圆）或"Polystar"（星形）的"Rectangle Path"（矩形路径）、"Ellipse Path"（椭圆路径）或"Polystar Path"（星形路径）选项，然后执行"Convert To Bezier Path"（转换为贝塞尔曲线路径）命令将该基本形状转换为路径。可通过拖曳顶点改变路径的形状，也可通过钢笔工具在路径中添加、删除顶点，以及调整顶点的"Bezier"（贝塞尔曲线）手柄等，如图3-13所示。

图3-13　路径面板

3.3.2　形状图层效果器

形状图层拥有功能强大的效果器，使用这些效果器可以影响形状路径的形态以及动画。不同的效果器之间的搭配使用，可以制作更为复杂的形状动画，如图3-14所示。

- Fill：填充颜色。
- Stroke：描边。
- Gradient Fill：渐变填充。
- Gradient Stroke：渐变描边。
- Merge Paths：组合路径，类似混合蒙版效果。
- Offset Paths：偏移路径。
- Pucker&Bloat：收缩和膨胀。
- Repeater：中继器，可以将形状进行复制，从而产生阵列效果。
- Round Corners：圆角。
- Trim Paths：修剪路径。
- Twist：旋转。

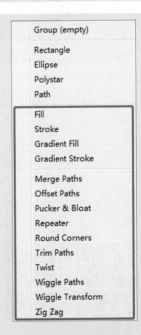

图3-14　形状层效果器

- Wiggle Paths：抖动路径，让形状产生不规则抖动的动画。
- Wiggle Transform：抖动变形。
- Zig Zag：曲折路径。

3.3.3 虚线动画

虚线动画是形状图层动画经常表现的一种形式。想要得到一条虚线，首先需要创建一个形状路径，并用"Stroke"（描边）效果器进行描边，通过调节"Dashes"（虚线）属性创造出虚线，其中"Dash"（虚线）影响虚线与间距长度，"Gap"（间隙）影响虚线间距，"Offset"（偏移）则可以实现虚线移动，如图 3-15 所示。

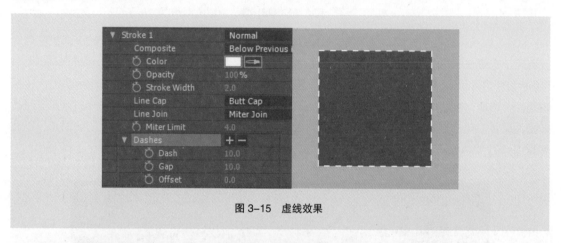

图 3-15　虚线效果

3.4　课堂案例——Logo 动画

案例学习目标：学习使用蒙版、遮罩、形状层效果器完成动画制作。

案例知识要点：掌握"Alpha"遮罩的作用，使用图层蒙版制作蒙版变化关键帧动画，使用形状层制作虚线动画。效果如图 3-16 所示。

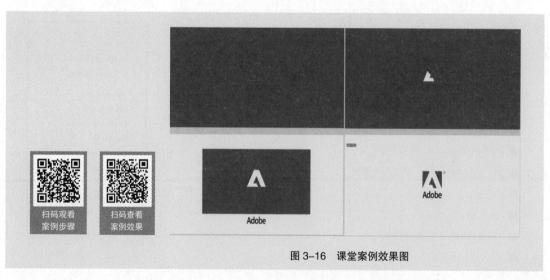

图 3-16　课堂案例效果图

（1）双击"Project"项目面板，弹出"导入素材"对话框。选择素材"参考图 .jpg"文件后，单击"Import"按钮将素材导入到项目面板中，使用组合键"Ctrl+S"保存项目，将工程命名为"LOGO动画"，选择保存位置对该项目文件进行保存。

（2）新建一个分辨率为 1 920×1 080，帧频为 25 帧/秒，时长为 4 秒，命名为"LOGO 动画"的合成，如图 3-17 所示。

图 3-17　新建合成

（3）使用组合键"Ctrl+Y"创建一个白色固态层，单击 "Make Comp Size"（制作合成大小）使该图层与合成大小匹配，作为背景层并命名为"BG"。将"参考图 .jpg"拖入到时间线面板中，效果如图 3-18 所示。

（4）取消图层选择，使用"钢笔工具" 根据参考图绘制 Logo 形状，并将该形状图层名称修改为"LOGO-Trim Paths"，如图 3-19 所示。

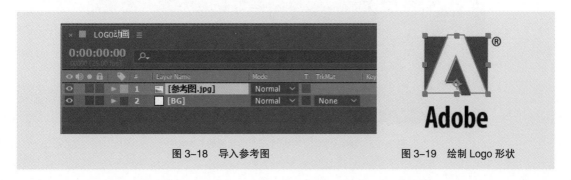

图 3-18　导入参考图　　　　　　　　　　　图 3-19　绘制 Logo 形状

（5）使用组合键"Ctrl+Y"创建一个红色固态层，并将该图层命名为 LOGO-RED，放到绘制好的 Logo 下方，此时可将"参考图 .jpg"删除。单击"LOGO-Trim Paths"形状图层"Fill"属性左侧的"显示开关" 将"Fill"属性关闭显示，并展开"LOGO-Trim Paths"形状层的"Stroke 1"效果器。单击"Dashes"右侧的 按钮添加虚线效果，为 Offset 制作关键帧动画，使虚线产生运动动画效果，如图 3-20 所示。

（6）单击"Contents"右侧"Add"图标 ，添加"Trim Paths"效果器。单击"End"属性左侧码表 开启关键帧动画，在 0 秒时的关键帧数值为 0.0%，1 秒时的关键帧数值为 100%，如图 3-21 所示。

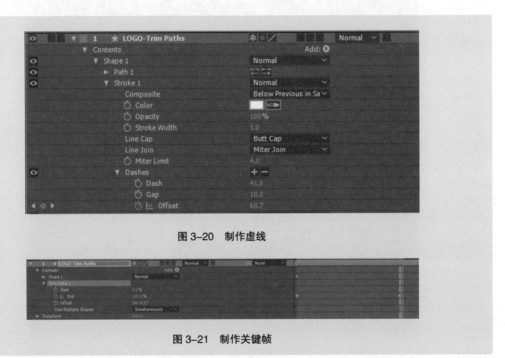

图 3-20　制作虚线

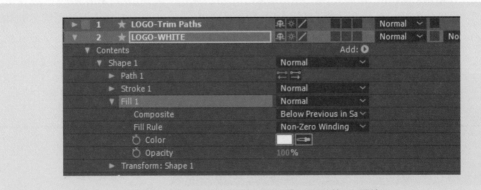

图 3-21　制作关键帧

（7）选择"LOGO-Trim Paths"形状图层，使用组合键"Ctrl+D"复制该图层，并将该图层重命名为"LOGO-WHITE"。单击该图层"Fill"属性左侧的"显示开关" 将"Fill"属性开启显示，将填充颜色更改为白色，如图 3-22 所示。

图 3-22　修改"LOGO-WHITE"形状层的 Fill 属性

（8）使用组合键"Ctrl+Y"创建一个白色固态层，命名为"LOGO-MASK TRACKMATTE"，使用钢笔工具，为固态层添加一个蒙版，如图 3-23 所示。

（9）使用快捷键"M"，展开"Mask Path"属性，单击左侧码表◎开启并制作关键帧动画，使固态层逐渐覆盖之前的 LOGO-WHITE 形状层，时间跨度为 1 秒到 2 秒，如图 3-24 所示。

图 3-23　给固态层 LOGO-MASK TRACKMATTE 添加蒙版

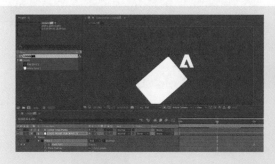
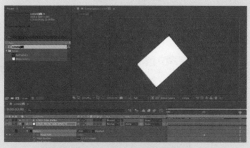

图 3-24　给蒙版位置添加关键帧动画

（10）将"LOGO-WHITE"形状图层的"Track Matte"选项修改为"Alpha Matte"，如图 3-25 所示，"LOGO-MASK TRACKMATTE"图层作为 Alpha 遮罩，使"LOGO-WHITE"形状层在其范围内显示，如图 3-26 所示。

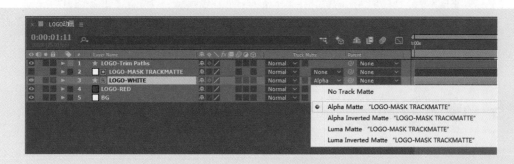

图 3-25　修改 LOGO-WHITE 形状层的 Track Matte 为 Alpha Matte

（11）选择"LOGO-RED"图层，双击"矩形工具"，为"LOGO-RED"图层添加一个矩形蒙版。使用快捷键"M"，展开"Mask Path"属性，单击左侧码表◎开启并制作蒙版由全屏大小变成参考图中 Logo 红色背景大小的关键帧动画，如图 3-27 所示。

（12）使用组合键"Ctrl+T"激活"文本工具"，单击合成视图面板创建文本图层，并输入"Adobe"。在"Paragraph"（段落）面板中选择"居中对齐文

图 3-26　遮罩效果展示

本模式" ▤。在"Character(字符)"面板中设置合适的字体、字号、字符间距、文本颜色等。使用快捷键"P"展开"Position(位置)"属性,为文本图层添加位移关键帧动画,使文字层最终位移到Logo定版的合适位置,如图3-28所示。

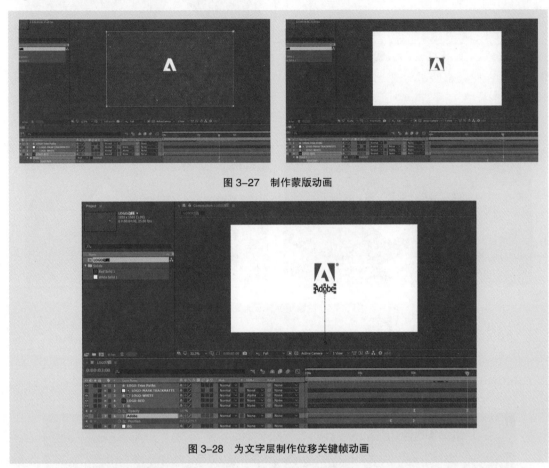

图3-27　制作蒙版动画

图3-28　为文字层制作位移关键帧动画

3.5　课后习题——制作动感相册

习题知识要点:使用蒙版制作照片变化,使用形状层制作虚线。效果如图3-29所示。

扫码观看
案例步骤

扫码查看
案例效果

图3-29　"动感相册"效果图

04

第 4 章
三维合成

▶ **本章导读**

　　本章着重对 After Effects 三维合成基础知识进行讲解。通过本章的学习，读者可以对 After Effects 的三维属性、摄像机镜头运动，以及灯光效果建立总体的认知，有助于在制作项目过程中应用相应的知识点，完成三维场景动画制作任务。

知识目标

● 熟练掌握三维层切换的方法。

● 熟练掌握 3D 视图的操作。

● 熟练掌握摄像机的使用。

● 熟练掌握灯光的使用。

技能目标

● 掌握"三维盒子展开动画"的制作方法。

● 掌握"空间图片展示动画"的制作方法。

三维合成

4.1 三维空间与三维图层

　　真实世界是三维空间，要制作有空间层次感的场景动画，需要在三维空间中完成。平面的二维空间包含 X 轴（横向）与 Y 轴（纵向）两个维度，三维空间在此基础上增加了 Z 轴（深度）维度。在 After Effects 中，将图层设置为 3D 图层模式，通过调整图层的三维变换属性，与不同的光照效果和摄像机运动相结合，即可创作出包含空间运动、光影、透视以及聚焦等效果的 3D 动画作品。

4.1.1 三维视图

　　在时间线面板的 "Switches" 界面下，单击图层右侧的 "3D Layer"（三维图层）开关 🔳，则可开启或关闭该图层的三维属性，如图 4-1 所示。

图 4-1　三维开关

　　开启图层的三维属性，该图层在合成视图面板中的中心点坐标轴会转换为三维坐标轴，图层的 "Anchor Point"（锚点）、"Position"（位置）、"Scale"（缩放）属性会增加新的轴向（Z 轴）数值，"Rotation"（旋转）属性也被分为 "X、Y、Z" 3 个轴向，同时新增 "Orientation"（方向）属性，该属性可以调整三维图层的指定角度。通过调整 "Orientation" 属性可为图层设定起始或目标角度，再使用 3 个轴向的 "Rotation" 属性为图层设定旋转路线，就可以更为方便地制作旋转动画，如图 4-2 所示。

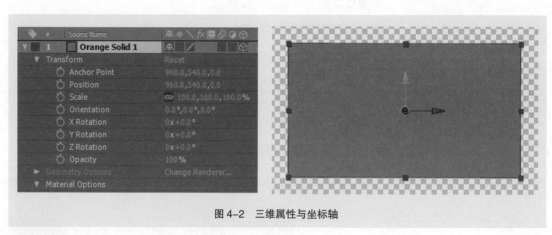

图 4-2　三维属性与坐标轴

4.1.2 三维图层的材质属性

　　"Material Options"（材质选项）属性用来设置三维图层与灯光、阴影以及摄像机交互的方式，如图 4-3 所示。

蝴蝶的三维
循环动画

● Casts Shadows（投影）：指定图层是否在其他图层上投影，需结合灯光使用。

● Light Transmission（透光率）：将图层颜色投射在其他图层上作为阴影。

● Accepts Shadows（接受阴影）：指定图层是否显示被其他图层投射的投影。

● Accepts Lights（接受灯光）：指定灯光是否影响该图层的亮度及颜色。

● Ambient（环境）：图层的环境反射，可调整图层的环境亮度。

● Diffuse（漫射）：图层的漫反射。

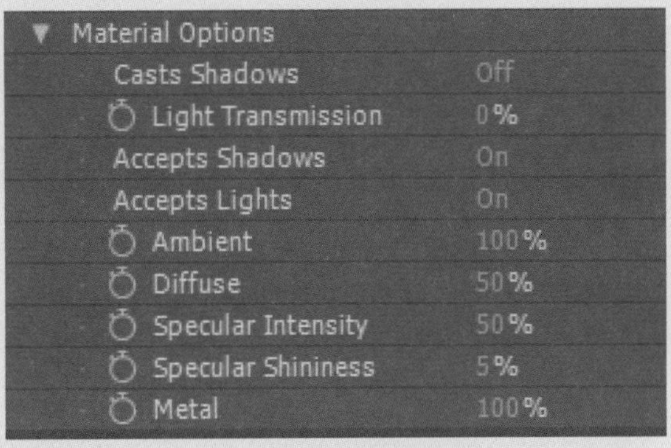

● Specular Intensity（镜面强度）：图层的镜面反射强度。

● Specular Shininess（镜面反光度）：镜面高光的大小。

● Metal（金属质感）：指定图层高光颜色中图层颜色与光照颜色的比例。

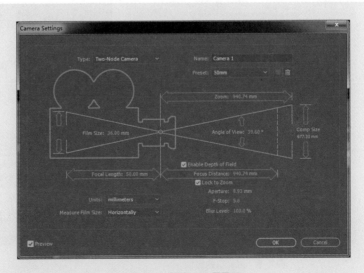

图 4-3　三维图层的材质属性

4.2 摄像机

在 After Effects 中，通过摄像机可以从任何角度和距离查看三维图层，也可以利用摄像机的特性来进行镜头的运动与切换，还可以使用摄像机为三维图层制作景深效果等。

4.2.1 摄像机的基本参数

摄像机的创建方法与其他图层的创建方法类似，可以在时间线面板空白处单击右键执行"New>Camera"命令，或在菜单栏中执行"Layer>New>Camera"命令，也可以在合成中使用组合键"Ctrl+Alt+Shift+C"创建摄像机。在"Camera Settings"（摄像机设置）界面，可以根据已知条件或基本需求，预先设定摄像机的基本参数，如图4-4所示。

● Type（类型）：摄像机类型，可选择"One-Node Camera" 或 "Two-Node Camera"。

图 4-4　摄像机设置界面

- Name（名称）：摄像机的名称。
- Preset（预设）：摄像机的常用类型预设。
- Zoom（缩放）：从镜头到图像平面的距离。
- Angle of View（视角）：在图像中捕获的场景的宽度。
- Enable Depth of Field（开启景深）：开启摄像机聚焦范围外的模糊效果。
- Focus Distance（焦点距离）：从摄像机到平面的完全聚焦的距离。
- Lock to Zoom（锁定到缩放）：使"Focus Distance"值与"Zoom"值匹配。
- Aperture（光圈）：镜头孔径大小，影响景深效果。
- F-Stop（焦距与光圈比例）：描述光圈大小的常见单位。
- Blur Level（模糊层次）：图像中景深模糊的程度。
- Film Size（胶片大小）：胶片曝光区域的大小，与合成大小相关。
- Focal Length（焦距）：从胶片平面到摄像机镜头的距离。
- Units（单位）：摄像机设置值所采用的测量单位。
- Measure Film Size（量度胶片大小）：用于描绘胶片大小的尺寸。

在摄像机创建完毕之后，可以通过调整摄像机的"Camera Options"（摄像机选项）属性进行摄像机参数的设置与修改。在 After Effects 中，摄像机包含"One-Node Camera"（单节点摄像机）与"Two-Node Camera"（双节点摄像机）两种摄像机类型，两者之间的区别在于"One-Node Camera"不包含目标点，"Two-Node Camera"包含目标点。在"Two-Node Camera"的变换属性中，可以调节"Point of Interest"（目标点）来改变摄像机的视角，如图 4-5 所示。

通过单击合成视图面板底部的"3D View Popup"（3D 视图弹出式菜单），可以为"合成视图"设置"Active Camera"（活动摄像机）、"Camera"（摄像机）、"Front"（正面）、"Left"（左侧）、"Top"（顶部）、"Back"（背面）、"Right"（右侧）、"Bottom"（底部）以及多种"Custom View"（自定义视图）等视图显示方式。默认状态下，合成视图显示为"Active Camera"，如图 4-6 所示。

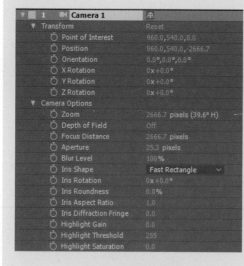

图 4-5　摄像机的属性

图 4-6　摄像机多种视图

After Effects CC 数字影视合成案例教程（全彩慕课版）

4.2.2 摄像机动画

摄像机的运动可以使画面的景别发生变化。景别分为远景、中景、近景、特写等，使用 After Effects 制作摄像机动画可以模仿摄像机拍摄时的真实运动。

在制作摄像机动画的过程中，通常需要切换多视图调整，以方便通过其他视图观察摄像机的位置状态，并能够在画面中进行调节。如图 4-7 所示，在顶视图中可以查看摄像机的位置信息。

通过使用 "Null"（空对象）图层并开启该图层的三维开关，让摄像机作为空对象的子集来控制摄像机的运动，可以更为方便地制作摄像机动画，如图 4-8 所示。

借助空对象，可以单独调节摄像机的角度而不会影响整体的运动。例如使摄像机围绕被摄图层进行 360° 旋转观察动画，只要调节 "Null" 图层的旋转属性，就可以使摄像机围绕被摄图层旋转，如图 4-9 所示。

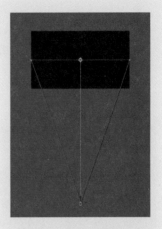

图 4-7 顶视图中的摄像机

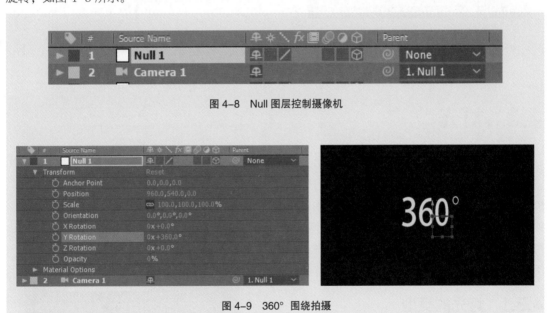

图 4-8 Null 图层控制摄像机

图 4-9 360° 围绕拍摄

4.2.3 景深

"Depth of Field"（景深）是图像与摄像机聚焦的距离范围，位于距离范围之外的图像将变得模糊。光圈、镜头及被摄图层的距离是影响景深效果的重要因素。

单击 "Depth of Field" 右侧的 "OFF"（关），变更为 "ON"（开）即可开启摄像机景深，可通过调节 "Focus Distance"（焦距）、"Aperture"（光圈）、"Blur Level"（模糊层次）等属性改变景深效果，如图 4-10 所示。

● Iris Shape（光圈形状）：图层产生景深模糊时，图层像素的模糊形状。

● Iris Rotation（光圈旋转）：光圈形状的旋转角度。

- Iris Roundness（光圈圆度）：光圈形状的圆度。
- Iris Aspect Ratio（光圈长宽比）：光圈形状的长宽比。
- Iris Diffraction Fringe（光圈衍射条纹）：模拟物体在穿过光圈时的偏离变形。
- Highlight Gain（高亮增益）：提升景深模糊产生的高亮光斑的亮度。
- Highlight Threshold（高光阈值）：设定高光区域的范围。
- Highlight Saturation（高光饱和度）：高光颜色中被摄图层颜色与光照颜色的比例。

图 4-10 摄像机景深调节

4.3 灯光

After Effects 的灯光层可以模拟现实世界的各种光源，使三维场景表现更加真实。通过灯光的设置可以使图层产生投影。有些插件也可使用灯光作为载体，如 "Particular"（粒子）插件可以将灯光作为发射器来使用。灯光有多种应用方式，灵活运用灯光层可以提升作品质感和提高制作效率。

4.3.1 灯光的类型

灯光图层包含4种灯光类型，分别为 "Parallel"（平行光）、"Spot"（聚光）、"Point"（点光）、"Ambient"（环境光），如图 4-11 所示。

- Parallel（平行光）：无限远的光源处发出无约束的定向光，类似太阳等光源的光线。
- Spot（聚光）：从受锥形物约束的光源发出的光线，类似舞台灯、手电筒等。
- Point（点光）：无约束的全向光，类似灯泡、蜡烛等。

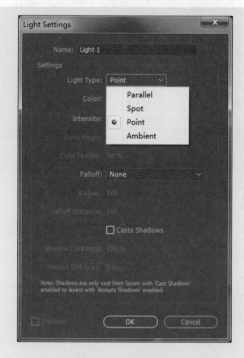

图 4-11 灯光的种类

● Ambient（环境光）：环境光没有光源，但有助于提高场景的总体亮度且不产生投影。

图 4-12　投影效果

4.3.2　投影与光照衰减

灯光产生投影，需要同时设置两个属性，分别为灯光"Light Options"（灯光选项）中的"Casts Shadows"（投影）和被照射图层"Material Options"（材质选项）中的"Casts Shadows"，将这两个属性从"Off"变为"On"即可开启该光照作用于该图层产生的投影，如图 4-12 所示。

此时，可以通过调节该灯光"Light Option"中的"Shadow Darkness"（阴影深度）和"Shadow Diffusion"（阴影扩散）来控制阴影效果。

现实中的光照有衰减变化，灯光与被照射物体的距离远近影响被照射物体的亮度，这种衰减效果在 After Effects 的灯光中也可以实现。单击灯光图层"Light Option"中的"Falloff"（衰减）属性，将"Falloff"设置为"Smooth"（平滑）或"Inverse Square Clamped"（反向正方形已固定），然后通过调整"Radius"（半径）和"Falloff Distance"（衰减距离）属性来控制衰减的程度，如图 4-13 所示。

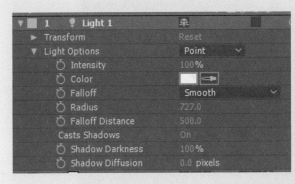

图 4-13　灯光衰减效果

4.4　课堂案例——三维盒子展开动画

案例学习目标：学习使用三维图层、摄像机、灯光工具完成动画制作。

案例知识要点：熟悉三维图层的属性，掌握灯光与三维图层的设置，制作摄像机动画。效果如图 4-14 所示。

（1）新建一个 1 920 像素 ×1 080 像素分辨率，帧频为 25 帧 / 秒，时长为 5 秒，命名为"三维盒子展开动画"的合成，如图 4-15 所示。

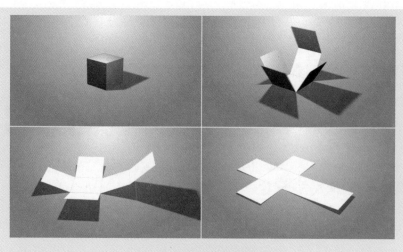

图 4-14　课堂案例效果图

扫码观看
案例步骤 1

扫码观看
案例步骤 2

扫码观看
案例步骤 3

扫码查看
案例效果

图 4-15　新建合成

（2）创建"Solid"（纯色）固态层作为背景图层，将该图层重命名为"BG"。右击该图层，执行"Effect>Generate>Gradient Ramp（梯度渐变）"命令，为该图层添加"Gradient Ramp"（梯度渐变）滤镜效果，并设置渐变颜色，如图 4-16 所示。

（3）创建"Solid"固态层并命名为"01"，将"Width"（宽度）与"Height"（高度）均设置为500，"Color"（颜色）更改为纯白，单击"OK"按钮确认完成图层创建。开启该图层的三维开关圙，将该图层作为立方体的底面，如图4-17所示。

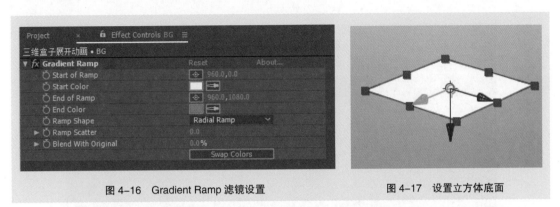

图4-16　Gradient Ramp 滤镜设置　　　　　图4-17　设置立方体底面

（4）继续创建其余5个图层并开启这些图层的三维开关圙，分别命名为"02""03""04""05""06"，并设置这些图层的"Anchor"（锚点）到合适的位置，再调整这些图层的"Position"（位置），使这些图层组成一个立方体。如图4-18所示。

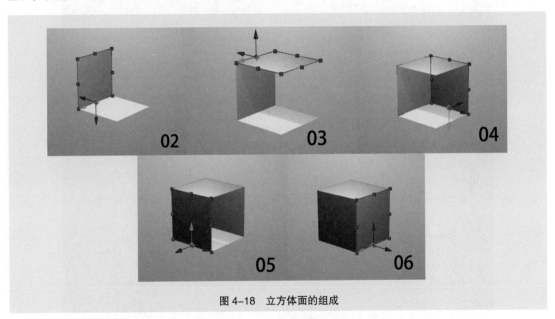

图4-18　立方体面的组成

（5）为每个图层设置父子关系，具体父子关系设置如图4-19所示。

图4-19　父子关系

（6）为"02""03""04""05""06"5个图层做旋转动画，起点是"00s"，旋转为"90°"或"–90°"（参考合成视图效果选择相应度数），终点是"05s"，旋转为"0°"，具体属性关键帧的数值设置如图4-20所示。

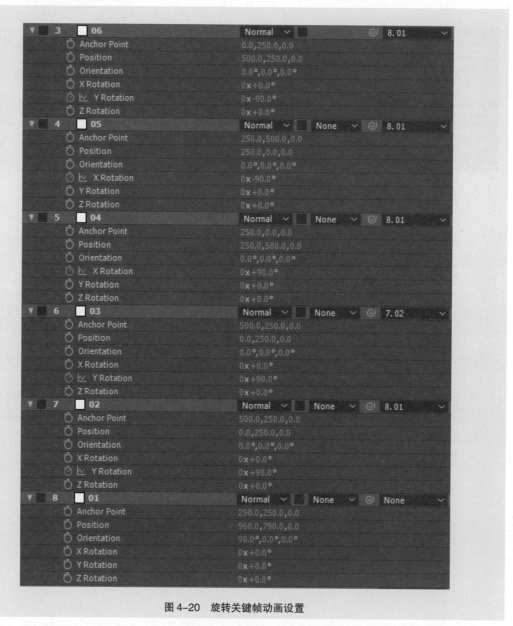

图4-20　旋转关键帧动画设置

（7）执行"Layer>New>Camera"命令创建摄像机，并创建一个"Null"（空对象）图层，开启"Null"图层的三维开关，并将摄像机作为空对象的子级，如图4-21所示。

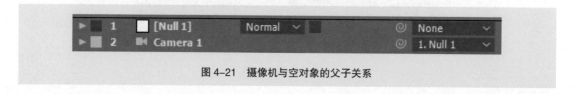

图4-21　摄像机与空对象的父子关系

（8）为"Null 1"设置"Position"（位置）"Y Rotation"（Y轴旋转）以及摄像机的"Position"属性设置关键帧动画，使摄像机在跟随"Null 1"旋转的同时产生拉远镜头的效果，如图4-22所示。

图4-22 为空对象和摄像机添加关键帧动画

（9）执行"Layer>New>Light"命令创建3个"Point"（点）类型的灯光，分别命名为"主光""辅光1""辅光2"。调节3个灯光的位置，使主光在立方体的左前方，辅光分别在左后方和右上方，并修改辅光的"Intensity"（强度）改变灯光亮度。3个灯光的"Transform"（变换）和"Light Options"（灯光选项）参数设置及灯光在合成视图中所在位置如图4-23所示。

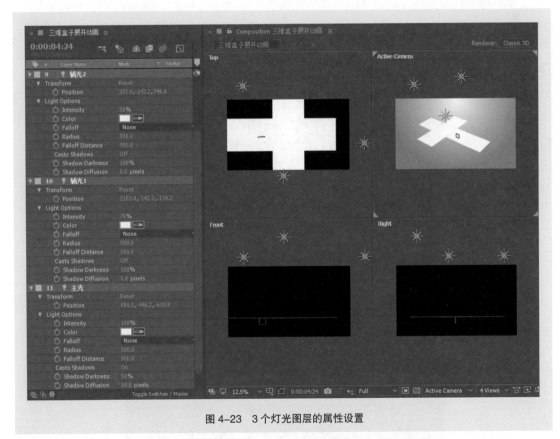

图4-23 3个灯光图层的属性设置

（10）创建一个白色固态层，命名为"接受投影"，开启该图层的三维开关，将"X Rotation"（X轴旋转）修改为"-90°"，放置在场景下方作为地面，同时将立方体所有图层的"Casts Shadows"（接受投影）属性设置为"On"（开）状态，如图4-24所示。

图 4-24 接受投影

（11）视频渲染输出。使用组合键"Ctrl+M"，将合成添加到"Render Queue"（渲染队列），单击"Output Module"（输出模块）右侧的"Lossless"（无损）选项，在弹出的"Output Module Settings"（输出设置）对话框中，将"Format"（格式）设置为"QuickTime"格式，再单击"Format Options…"（格式选项）按钮，将"Video Codec"（视频编解码器）设置为"H.264"后，单击"OK"按钮，如图 4-25 所示。

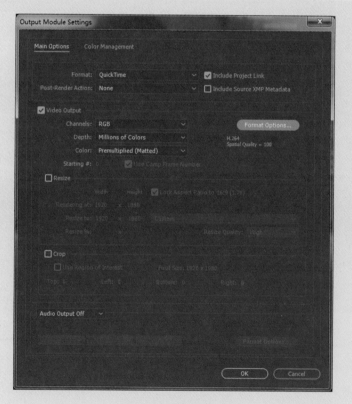

图 4-25 渲染设置

（12）再次单击"OK"按钮，此时"Output Module"输出模块设置完成，单击"Output To"（输出到）右侧的蓝色文字内容，为输出视频指定位置后，单击"Save"（保存）按钮，如图4-26所示。

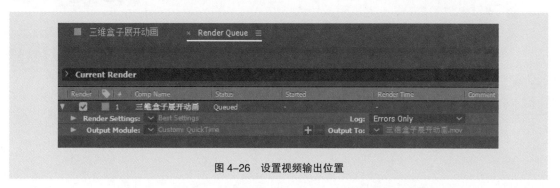

图4-26　设置视频输出位置

（13）单击"Render Queue"面板右侧的"Render"（渲染）按钮开始进行渲染，如图4-27所示。渲染完成后，会有清脆的完成提示音（如出现绵羊提示音，则说明输出失败，需对渲染设置进行检查并重新输出）。

"三维盒子展开动画"制作完毕。

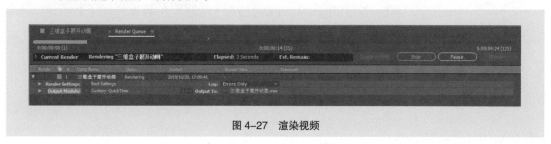

图4-27　渲染视频

4.5　课后习题——制作空间图片展示动画

习题知识要点：掌握三维空间关系与图层的三维功能，调节三维属性，使用灯光衰减与投影功能，使用摄像机开启景深效果并制作摄像机运动动画。效果如图4-28所示。

扫码观看
案例步骤

扫码查看
案例效果

图4-28　"空间图片展示动画"效果图

第5章

文字动画

05

▶ 本章导读

　　本章对 After Effects 文字动画基础知识进行讲解。通过本章的学习，读者应掌握如何使用 After Effects 创建文字动画，如何制作文字基础动画，如何制作文字路径动画等效果，有助于在制作项目过程中应用相应的知识点，完成文字动画制作任务。

知识目标
- 熟练掌握文字的创建与设置方法。
- 熟练掌握文字动画编辑器的用法。
- 熟练掌握文字路径动画的制作方法。
- 熟练使用文字动画预设。

技能目标
- 掌握"文字翻转运动动画"的制作方法。
- 掌握"科技文字变换动画"的制作方法。

文字动画

5.1 文字的创建与设置

在视频动画中，文字是一个重要的元素，不仅仅用于标题、说明和阅读信息，也经常被设计师作为一种视觉元素辅助设计，在画面中也扮演点线面的设计语言。After Effects 中的文字动画部分在整个视频制作环节中非常重要，其中文字的创建与设置是最基础的环节。

5.1.1 文字工具

在 After Effects 中创建文字图层的方法有两种，第 1 种方法是用工具栏中的文字工具进行创建，可以选择"Horizontal Type Tool"（水平文字工具）或"Vertical Type Tool"（纵向文字工具）两种模式，如图 5-1 所示。

水平文字工具可以横向书写文字，纵向文字工具则为竖向书写文字，当选择其中某一种文字工具并在画面中拖曳时，可以建立一个文字框，所输入的文字将被限制在文字框内，如图 5-2 所示。

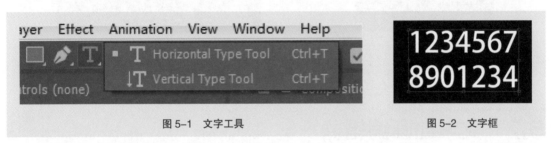

图 5-1 文字工具　　　　　　　　　　　　　　　　图 5-2 文字框

第 2 种创建方式则是在时间线面板中右键执行"New>Text"命令创建文字，此时创建的文字为水平排列模式，如图 5-3 所示。

图 5-3 创建文字

5.1.2 字符与段落

"Character"（字符）与"Paragraph"（段落）调节窗口可以在菜单栏的"Window"（窗口）下找到，如图 5-4 所示。

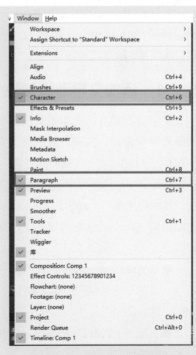

图 5-4 开启字符与段落窗口

在"Character"窗口中可以对文字的字体、颜色、描边、大小、拉伸、加粗等属性进行调节，如图 5-5 所示。

在"Paragraph"窗口中可以进行文字段落的调节，比如位置居中、偏移、缩进等，如图 5-6 所示。

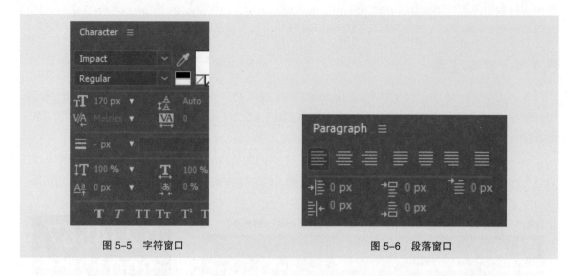

图 5-5　字符窗口　　　　　　　　　　图 5-6　段落窗口

5.2　文字动画编辑器

After Effects 的文字模块拥有丰富的动画效果可供选择，利用"Animate"（动画）文字动画编辑器可以制作项目所需要的文字动画效果。

5.2.1　添加文字动画属性

文字有一套自己的动画系统，可以通过添加多种文字动画效果来设计，实现丰富多彩的文字动画效果。单击文字图层"Animate"右侧的图标 ，弹出图 5-7 所示的菜单，添加文字动画效果之后，会在文字图层的"Text"（文本）属性中出现一个名称为"Animator"（动画制作工具）的动画组，每个动画组内部还可以继续添加新的文字动画效果。

- Enable Per-character 3D（启用字符 3D 属性）：将每一个字符的三维属性开关开启，拥有三维的特征。

- Anchor Point（锚点）：可用于控制字符锚点的动画效果。

图 5-7　文字动画添加

- Position（位移）：可用于制作字符的位移动画。
- Scale（缩放）：可用于制作字符的缩放动画。
- Skew（倾斜）：可用于制作字符的倾斜动画。
- Rotation（旋转）：可用于制作字符的旋转动画。
- Opaciy（透明度）：可用于制作字符的透明度动画。
- All Transform Properties（全部变形属性）：同时添加以上所有属性。
- Fill Color（填充）：可以对文字填充 RGB 颜色、色调、饱和度、明度、透明度。
- Stroke Color（描边颜色）：填充文字描边的颜色、色调、饱和度、明度、透明度。
- Stroke Width（描边宽度）：可用于制作字符的描边宽度动画。
- Tracking（字符间距）：可用于制作字符字间距的动画。
- Line Anchor（行锚点）：控制行的锚点。
- Line Spacing（行距）：控制行的距离。
- Character Offset（字符偏移）：可用于制作字符内容的偏移改变，比如文字"ABCD"偏移 4 个单位会变成"EFGH"。
- Character Value（字符值）：可用于改变文本的字符值。
- Blur（模糊）：可用于制作字符模糊动画。

文字转换成形状
层的路径动画

文字演变动画

5.2.2 文字动画制作工具

在文字动画编辑器中添加需要的动画，可以进行效果的动画制作。例如，创建一个文本，为文本添加"Blur"效果，对"Blur"的数值进行调节，如图 5-8 所示。

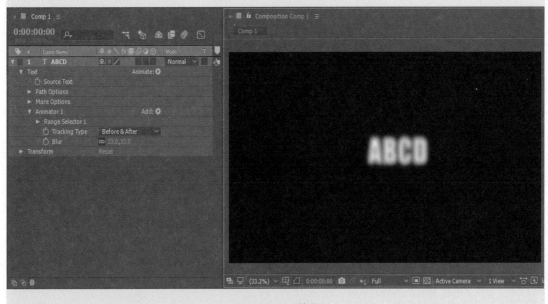

图 5-8 Blur 效果

还可以为文本添加"Line Anchor"效果和"Tracking"效果，分别调节"行锚点"和"字符间距"的属性，使文字从中间向两边扩大间距，如图 5-9 所示。

图 5-9　Line Anchor 与 Tracking 效果

5.2.3　选择器

除了可以为文字添加动画效果外，还可以添加选择器，如图 5-10 所示。

（1）Range（范围）：可以使动画效果只在设定好的范围内起作用。例如，制作打字效果，首先单击文字图层"Animate"右侧的图标◎，为文字添加"Opacity"（透明度），将"Opacity"属性的数值设置为 0%，在第 00s 时为"Range Selector"（范围选择器）中的"Start"（起始）属性添加关键帧，数值设置为"0%"，再到 01s 时将数值修改为"100%"，完成最终效果，如图 5-11所示。

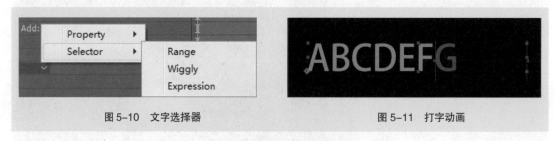

图 5-10　文字选择器　　　　　　　　　　　　　图 5-11　打字动画

（2）Wiggly（摆动）：可以使文字的效果呈现摆动状态。

（3）Expression（表达式）：可以为文字添加表达式控制效果。

5.3　文字路径动画

文字沿着设定好的路径进行位移的动画叫作"文字路径动画"。在 After Effects 中，为文字设定一条路径，通过相应参数的调节，即可实现使文字沿着路径位移或沿路径分布。

5.3.1 文字路径设置

在文字图层上用"钢笔工具"绘制路径"Mask 1"，单击"Path Options"（路径选项）打开菜单，在"Path"（路径）右侧下拉选项中选择"Mask 1"路径，如图5-12所示。

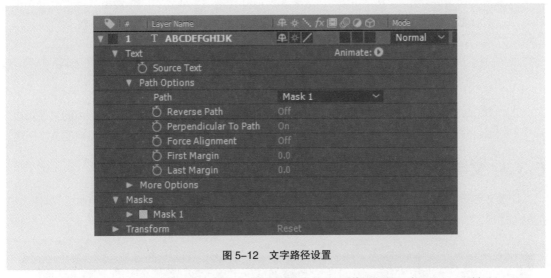

图 5-12　文字路径设置

（1）Reverse Path（翻转路径）：使文字在路径上的方向进行翻转，如图5-13所示。

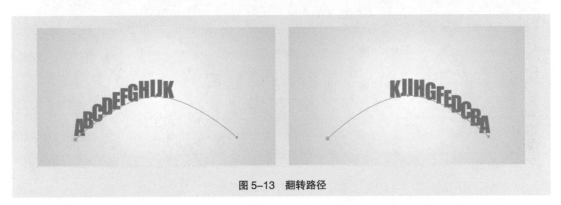

图 5-13　翻转路径

（2）Perpendicular To Path（垂直于路径）：使文字垂直于路径，如图5-14所示。

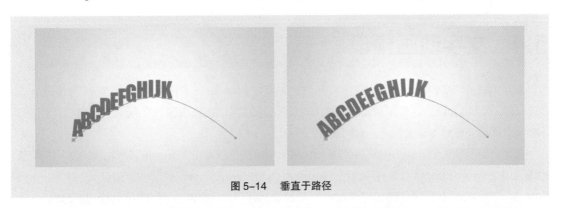

图 5-14　垂直于路径

（3）Force Alignment（强制对齐）：强制在路径的两端进行文字对齐，如图5-15所示。

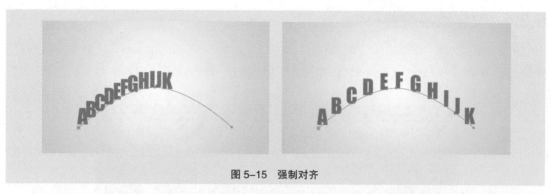

图 5-15 强制对齐

（4）First Margin（首字边距）：在"Force Alignment"效果开启时控制路径起点的文字距离。

（5）Last Margin（末字边距）：在"Force Alignment"效果开启时控制路径终点的文字距离。

5.3.2 文字路径动画制作

设置文字路径后，可以为"Path Options"中的"First Margin"和"Last Margin"属性添加关键帧动画，如图 5-16 所示。

图 5-16 文字路径动画属性

5.4 文字动画预设

在菜单栏的"Window"（窗口）中打开"Effects & Presets"（效果和预设），展开"Animation Presets"（动画预设）。选择需要添加文字动画预设的文字图层，双击"Text"（文字）中所需要的效果，即可完成添加预设动画，如图 5-17 所示。

如果我们所使用的计算机中安装了与 After Effects 同一版本的"Bridge"软件，如图 5-18 所示，也可通过在 After Effects 菜单栏中执行"Animation>Browse Presets"（浏览预设）开启"Bridge"软件。在该软件的"内容"窗口中双击"Text"，可预览及调用这些文件夹中的文字动画预设，如图 5-19 所示。

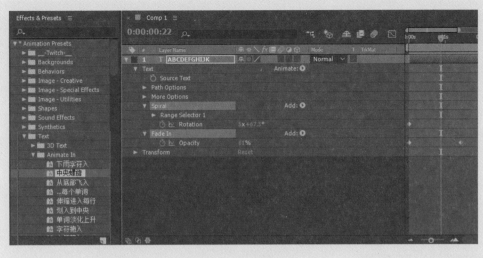

图 5-17　文字动画预设

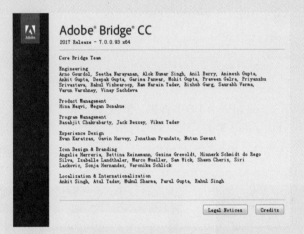

图 5-18　Adobe Bridge 软件

图 5-19　在 Bridge 中预览文字动画预设

5.5 | 课堂案例——文字翻转运动动画

案例学习目标：学习使用文字图层、文字动画效果、范围选择器完成动画制作。

案例知识要点：通过设置文字图层属性制作文字基本样式，添加文字动画效果和利用范围选择器完成文字翻转运动动画。效果如图 5-20 所示。

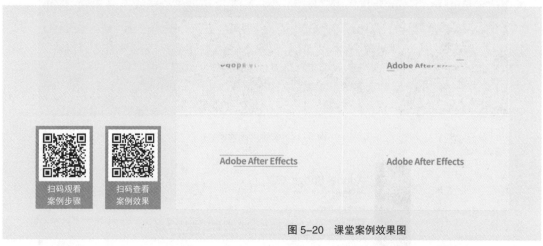

图 5-20　课堂案例效果图

（1）新建一个分辨率 1 920 像素 ×1 080 像素，帧频为 25 帧 / 秒，时长为 5 秒的合成，命名为"文字翻转运动动画"，如图 5-21 所示。

（2）创建"Solid"固态层，重命名为"BG"，并设置固态层颜色，如图 5-22 所示。

图 5-21　新建合成

图 5-22　固态层颜色设置

（3）创建文字图层，输入文字"Adobe After Effects"，文字属性如图 5-23 所示。

（4）为文字图层添加"Anchor Point"（锚点）动画效果，并适当调整该效果的数值，使锚点位于文字的中心，如图 5-24 所示。

（5）选择"Text"（文本）属性，开启"Enable Per-character 3D"（启用逐字 3D 化）选项，并添加"Scale"动画效果并将数值设置为"0"，此时该效果位于"Animator 2"组中，如图 5-25 所示。

图 5-23　输入文字

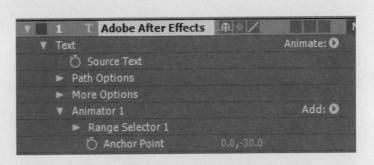

图 5-24　Anchor Point 效果参数

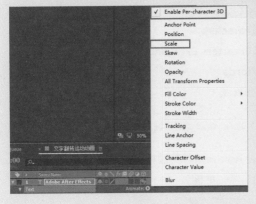

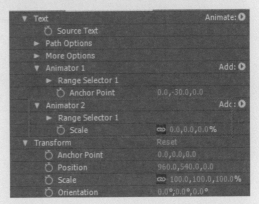

图 5-25　Expression Selector 效果

（6）单击"Animator 2"的"Add"右侧的图标 ▶，继续为文字图层的"Animator 2"添加"Rotation""Opacity""Blur"以及"Expression"（表达式）效果，具体设置如图 5-26 所示。

（7）为"Animator 2"的"Range Selector 1"中的"Start"（起始）添加关键帧动画，00s 时"Start"属性数值为 0%，01s 时"Start"属性数值为 100%，如图 5-27 所示。

（8）展开"Animator 2"的"Range Selector 1"中的"Advanced"（高级）选项，将"Based On"（依据）属性设置为"Lines"（行），具体如图 5-28 所示。

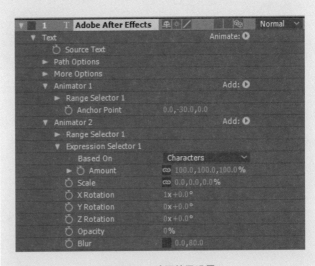

图 5-26　动画效果设置

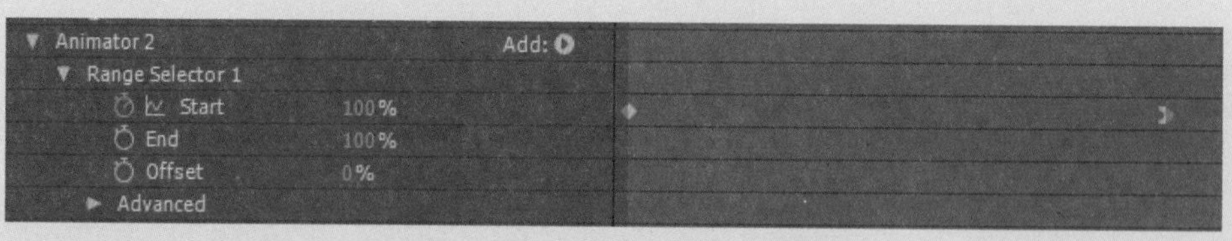

▼	Animator 2	Add: ○	
	▼ Range Selector 1		
	○ ∠ Start	100%	◆
	○ End	100%	
	○ Offset	0%	
	► Advanced		⟩

图 5-27　Range Selector 1 的 Start 属性

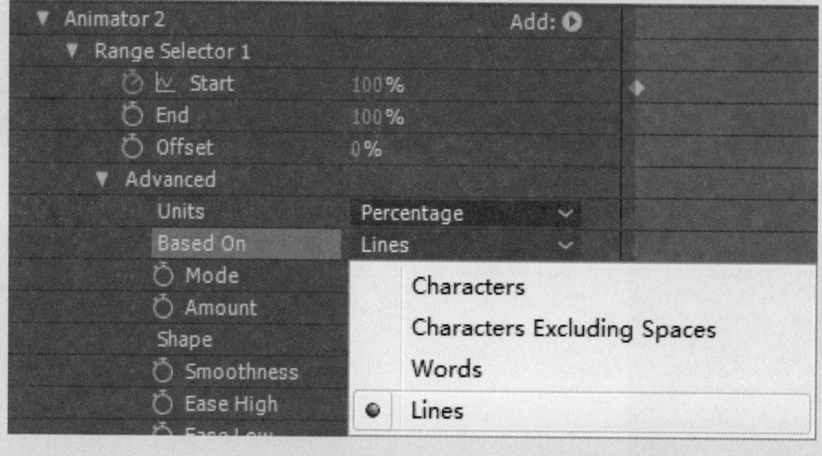

▼	Animator 2	Add: ○	
	▼ Range Selector 1		
	○ ∠ Start	100%	◆
	○ End	100%	
	○ Offset	0%	
	▼ Advanced		
	Units	Percentage ∨	
	Based On	Lines ∨	
	○ Mode		
	○ Amount		Characters
	Shape		Characters Excluding Spaces
	○ Smoothness		Words
	○ Ease High		● Lines
	Ease Low		

图 5-28　Range Selector 1 的 Advanced 选项设置

（9）为文字图层的"Transform"属性添加"X Rotation"关键帧动画，00s 时"X Rotation"数值为"90°"，01s 时"X Rotation"数值为"0°"，如图 5-29 所示。

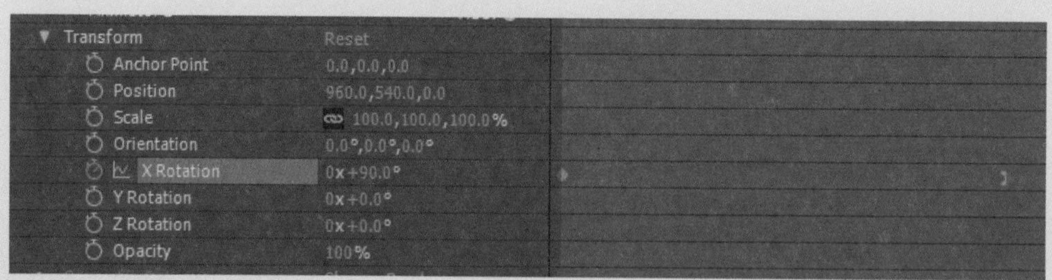

▼ Transform	Reset	
○ Anchor Point	0.0,0.0,0.0	
○ Position	960.0,540.0,0.0	
○ Scale	∞ 100.0,100.0,100.0%	
○ Orientation	0.0°,0.0°,0.0°	
○ ∠ X Rotation	0x +90.0°	◆ ⟩
○ Y Rotation	0x +0.0°	
○ Z Rotation	0x +0.0°	
○ Opacity	100%	

图 5-29　为 X Rotation 属性添加关键帧

（10）在文字上下位置分别用钢笔工具画出直线形状图层，并为形状图层添加"Trim Paths"（修剪路径）动画效果，如图 5-30 所示。

图 5-30　形状图层动画

（11）将完成的动画输出为视频。使用组合键"Ctrl+M"，将合成添加到"Render Queue"（渲染队列）。单击"Output Module"（输出模块）右侧的"Lossless"（无损）选项，在弹出的"Output Module Settings"（输出设置）对话框中，将"Format"（格式）设置为"QuickTime"格式，再单击"Format Options…"（格式选项）按钮，将"Video Codec"（视频编解码器）设置为"H.264"后，单击"OK"按钮，如图5-31所示。

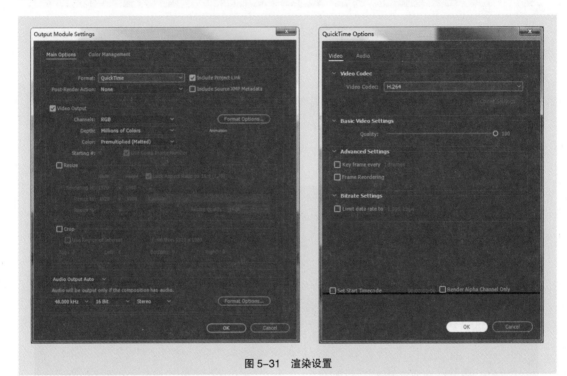

图5-31　渲染设置

（12）再次单击"OK"按钮，此时"Output Module"输出模块设置完成，单击"Output To"（输出到）右侧的蓝色文字内容，为输出视频指定位置后，单击"Save"（保存）按钮，如5-32所示。

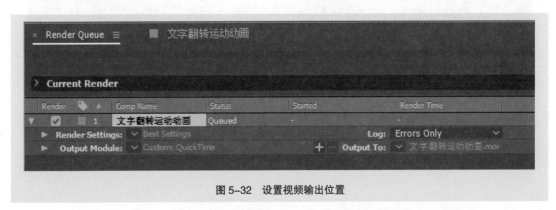

图5-32　设置视频输出位置

（13）单击"Render Queue"面板右侧的"Render"（渲染）按钮开始进行渲染，如图5-33所示。渲染完成后，会有清脆的完成提示音（如出现绵羊提示音，则说明输出失败，需对渲染设置进行检查并重新输出）。此时"三维盒子展开动画"全部制作完成。

图 5-33　渲染视频

5.6　课后习题——科技文字变换动画

习题知识要点：文字图层动画属性，选择器，字符与段落。效果如图 5-34 所示。

图 5-34　"科技文字变换动画"效果图

扫码观看
案例步骤 1

扫码观看
案例步骤 2

扫码查看
案例效果

第6章

特效滤镜

06

▶ 本章导读

　　本章对 After Effects 的特效滤镜知识进行讲解。通过本章的学习，读者可以掌握 After Effects 的常用特效滤镜的使用，学会利用滤镜调色以及制作特效动画效果等，有助于在制作项目过程中应用相应的知识点，完成特效动画制作任务。

知识目标
- 熟悉特效组的种类。
- 熟练掌握常用特效的使用方法。
- 熟练掌握特效动画的制作。
- 熟练使用特效预设。

技能目标
- 掌握"宁静的小镇"的制作方法。
- 掌握"微波荡漾的湖面"项目的制作方法。
- 掌握"文字扫光效果"项目的制作方法。

特效滤镜

6.1 效果与预设

特效概述 1　特效概述 2

在 After Effects 中，效果又被称为特效或滤镜，是用于实现特殊效果的重要工具。使用这些滤镜可以为图层添加调色、扭曲、生成、模糊、变形等特殊效果，也可以通过丰富且强大的预设轻松达成许多理想的效果。

6.1.1　滤镜与效果控件

After Effects 包含非常丰富的滤镜，这些滤镜按照其主要作用类别分为多个滤镜集合，如图 6-1 所示。

● 3D Channel（3D 通道）：对三维软件输出的含有 Z 通道、材质 ID 等信息的图层进行景深、雾效和材质 ID 提取等处理的滤镜集合。

● Audio（音频）：处理音频的滤镜集合。

● Blur & Sharpen（模糊和锐化）：对图层内容进行模糊与锐化设置的滤镜集合。

● Channel（通道）：对色彩及 Alpha 等通道进行处理的滤镜集合。

● CINEMA 4D：结合 CINEMA 4D 三维软件和文件进行调整的滤镜集合。

● Color Correction（颜色校正）：调整图层画面颜色的滤镜集合。

● Distort（扭曲）：对图层进行变形处理的滤镜集合。

● Expression Controls（表达式控制）：通过表达式链接调整其他图层的属性，自身不会对图层产生直接作用。

● Generate（生成）：创建特殊效果如闪电、描边、网格等效果的滤镜集合。

● Keying（抠像）：进行键控抠像的滤镜集合。

● Matte（遮罩）：使用遮罩方式进行抠像的滤镜集合。

● Noise & Grain（杂色和颗粒）：为图层添加杂色及颗粒效果的滤镜集合。

● Obsolete（过时）：包含被新版本中的滤镜功能替代了的旧版本的滤镜集合。

● Perspective（透视）：用于模拟三维透视效果的滤镜集合。

● Simulation（模拟）：用来模拟雨、

图 6-1　滤镜与效果控件

雪、粒子、气泡等效果的滤镜集合。

● Stylize（风格化）：为图层添加发光、浮雕、纹理化等效果的滤镜集合。

● Text（文本）：创建时间码、路径文字等的滤镜集合。

● Time（时间）：为图层添加重影、招贴画、时间置换等效果的滤镜集合。

● Transition（过渡）：制作转场效果的滤镜集合。

● Utility（实用工具）：与 HDR、LUT 等相关的实用工具集合。

添加滤镜效果有多种方法，例如可以右键单击需要添加滤镜效果的图层调出"Effect"菜单，选择需要的滤镜进行添加，也可以在"Effect"菜单栏中选择所需要的滤镜，还可以在"Window"菜单栏中调出"Effects & Presets"面板，从中选择所需要的滤镜，如图 6-2 所示。

（1）　　　　　　　　　（2）　　　　　　　　　（3）

图 6-2　添加滤镜效果的方法

此外，After Effects 还有很多第三方增效工具，安装后也会在此菜单中显示，图 6-2 所示的"Primatte""Red Giant""Rowbyte"等。

6.1.2　效果和预设窗口

添加滤镜效果之后，就可以对该滤镜的效果属性进行调节，例如在图层上添加"Curves"（曲线）滤镜效果后，即可在"Effect Controls"（效果控件）面板中调节相应属性，如图 6-3 所示。

图 6-3　"Curves"滤镜

除内置滤镜效果外，还可以添加内置效果预设，这类预设有时会包含多个滤镜，通过多个滤镜效果的叠加作用，可以实现更为复杂的效果，如图 6-4 所示。

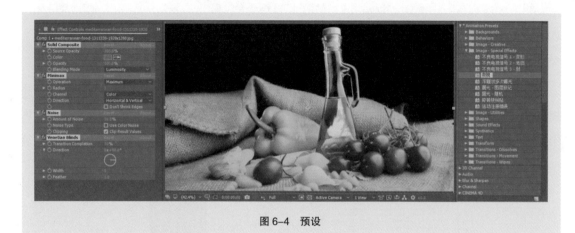

图 6-4　预设

执行 "Animation>Browse Presets" 命令，即可打开 Bridge 软件并进入动画预设窗口，如图 6-5 所示，需要注意的是应确保所使用的 Bridge 软件安装版本与所使用的 After Effects 版本一致。

图 6-5　动画预设窗口

6.2 常用特效滤镜

After Effects 的许多特效滤镜在项目制作过程中经常被使用，掌握这些常用滤镜的使用方法是能够熟练运用 After Effects 的必要条件。

（1）Block Dissolve（块溶解）：可以通过随机产生的板块（或条纹）来溶解图像，通过两个图层的重叠部分进行转场切换，如图 6-6 所示。

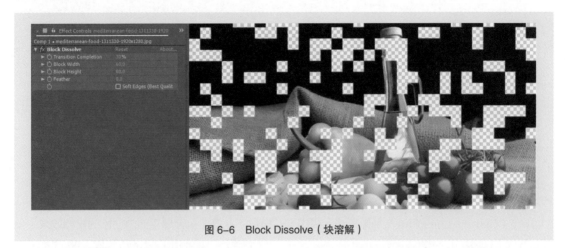

图 6-6　Block Dissolve（块溶解）

（2）Linear Wipe（线性擦除）：以线性的方式从某个方向形成擦除效果，如图 6-7 所示。

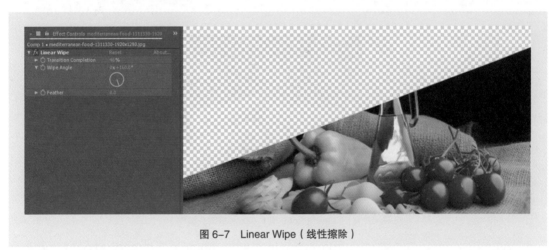

图 6-7　Linear Wipe（线性擦除）

（3）Venetian Blinds（百叶窗）：通过平均分割的方式对图像进行擦除转场，如图 6-8 所示。

图 6-8　Venetian Blinds（百叶窗）

（4）Gaussian Blur（高斯模糊）：可以用来柔化或模糊图像，也可以用于去除画面中的杂点，如图6-9所示。

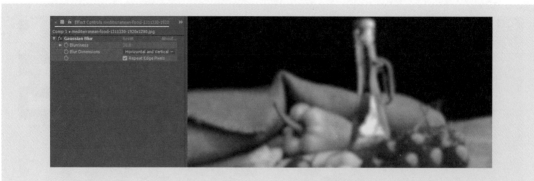

图6-9　Gaussian Blur（高斯模糊）

（5）Camera Lens Blur（摄像机镜头模糊）：模拟不在摄像机聚焦平面内物体的模糊效果（景深效果），其模糊的效果取决于"Iris Properties"（光圈属性）和"Blur Map"（模糊图）的设置，如图6-10所示。

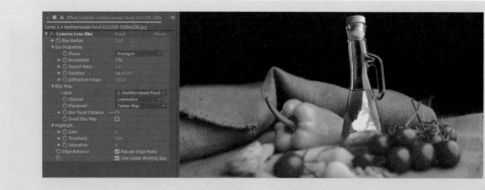

图6-10　Camera Lens Blur（摄像机镜头模糊）

（6）Radial Blur（径向模糊）：围绕自定义中心点产生模糊效果，通常用来模拟镜头的推拉和旋转效果。在图层高质量开关打开的情况下，可以设置"Antialiasing（Best Quality）"类型实现抗锯齿效果（在草图质量下没有抗锯齿作用），如图6-11所示。

图6-11　Radial Blur（径向模糊）

（7）Gradient Ramp（梯度渐变）：可以用来创建色彩以指定形状进行渐变过渡的效果，如图6-12所示。

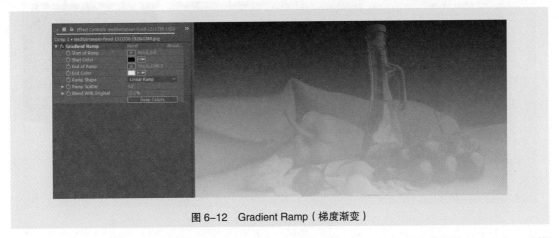

图6-12　Gradient Ramp（梯度渐变）

（8）Fractal Noise（分形杂色）：可创建用于自然景观背景、置换图和纹理的灰度杂色，或模拟云、火、熔岩、蒸汽、流水等效果，如图6-13所示。

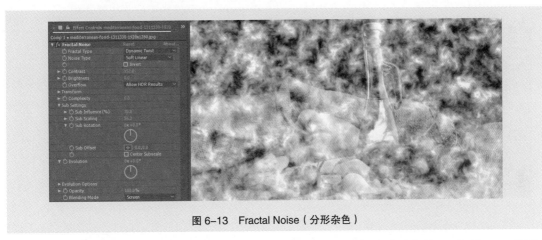

图6-13　Fractal Noise（分形杂色）

（9）4-Color Gradient（四色渐变）：可以模拟霓虹灯、流光溢彩等迷幻效果，如图6-14所示。

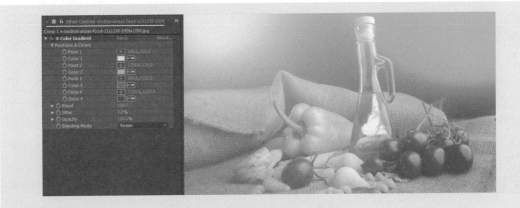

图6-14　4-Color Gradient（四色渐变）

（10）Glow（发光）：使图像、文字或带有 Alpha 通道的图层等产生发光的效果，如图 6-15 所示。

图 6-15　Glow（发光）

（11）Bevel Alpha（斜面 Alpha）：通过 Alpha 通道使图像形成假三维的倒角效果，如图 6-16 所示。

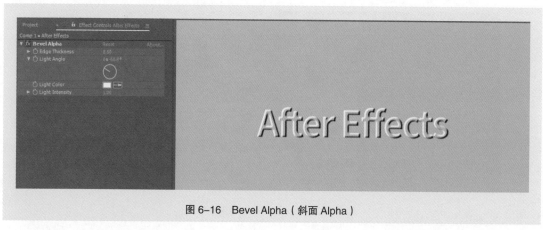

图 6-16　Bevel Alpha（斜面 Alpha）

（12）Drop Shadow（投影）：产生图像的阴影，由图像的 Alpha 通道决定，如图 6-17 所示。

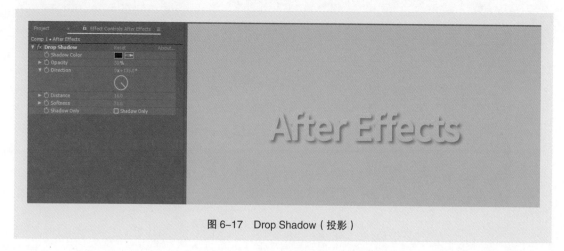

图 6-17　Drop Shadow（投影）

（13）CC Page Turn（翻页）：模拟书页翻页的效果，如图 6-18 所示。

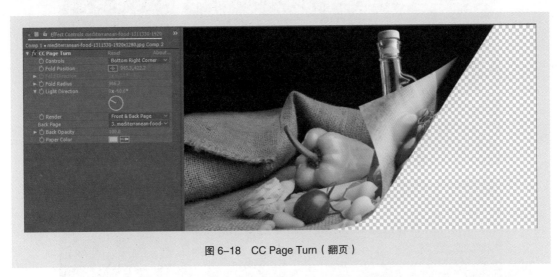

图 6-18　CC Page Turn（翻页）

（14）Corner Pin（边角定位）：通过移动图层的四角而产生形变，常用于透视角度的屏幕替换，如图 6-19 所示。

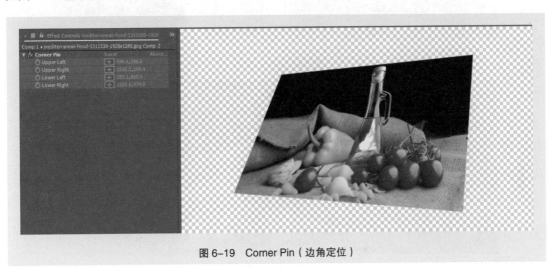

图 6-19　Corner Pin（边角定位）

（15）CC Snowfall（下雪）/CC Rainfall（下雨）：模拟下雪或下雨效果，如图 6-20 所示。

（16）Displacement Map（置换图）：常用于制作一些如水面波动等的特殊效果，使用时需要先设置置换图用于产生置换效果，如图 6-21 所示。

（17）Liquify（液化）：可以在画面中使用特效笔刷绘制，产生扭曲膨胀液化等多种效果，如图 6-22 所示。

（18）Mesh Warp（网格变形）：该滤镜提供一个可以改变属性的网格，通过调整网格中点的位置及四向手柄可改变图层的图像形状，如图 6-23 所示。

（19）Mirror（镜像）：实现图层的镜像效果，如图 6-24 所示。

图 6-20　CC Snowfall（下雪）与 CC Rainfall（下雨）

图 6-21　Displacement Map（置换图）

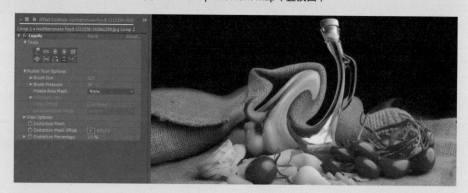

图 6-22　Liquify（液化）

After Effects CC 数字影视合成案例教程（全彩慕课版）

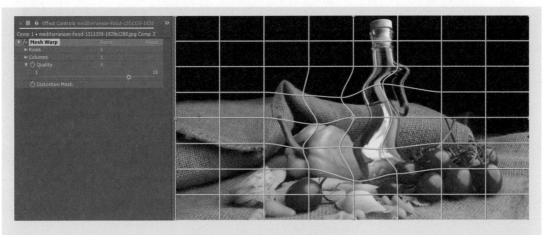

图 6-23　Mesh Warp（网格变形）

图 6-24　Mirror（镜像）

（20）Turbulent Displace（湍流置换）：实现画面随机扭曲变化的效果，如图 6-25 所示。

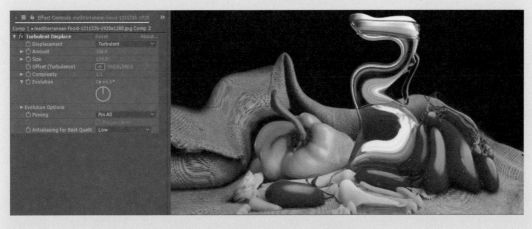

图 6-25　Turbulent Displace（湍流置换）

（21）Lens Flare（镜头光晕）：产生模拟镜头光晕的效果，如图 6-26 所示。

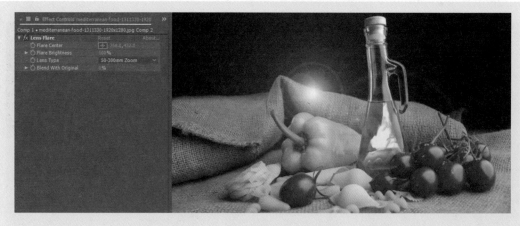

图 6-26　Lens Flare（镜头光晕）

（22）Radio Waves（无线电波）：产生圈状辐射运动的图形，通常用于提示重点位置信息，如图 6-27 所示。

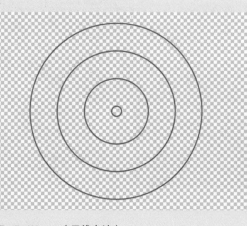

图 6-27　Radio Waves（无线电波）

此外，"CC Radial Fast Blur"（快速放射模糊）、"Curves"（曲线）、"Tint"（色调）、"Tritone"（三色调）、"CC Lens"（透镜）、"Beam"（光束）、"Fill"（填充）、"Grid"（网格）、"Stroke"（描边）、"Vegas"（勾画）等滤镜在项目制作过程中也会被经常使用。此外，使用第三方增效工具也可以制作出更为复杂的效果。关于第三方增效工具会在之后的"常用插件"中讲解。

6.3　课堂案例——宁静的小镇

案例学习目标：学习使用"Camera Lens Blur"滤镜完成景深效果制作。

案例知识要点：掌握"Camera Lens Blur""Tint""Curves"滤镜及效果控件面板的用法。效果如图 6-28 所示。

（1）导入案例中所使用的素材，使用"Village-color.tif"素材创建一个名为"村庄"的合成，并将"Village-Depth.tif"素材拖曳至时间线面板的"Village-color.tif"图层下方，如图 6-29 所示。

图 6-28　课堂案例效果图

扫码观看
案例步骤

扫码查看
案例效果

图 6-29　新建合成及排列图层顺序

（2）新建"Adjustment"图层，右键执行"Effect>Camera Lens Blur"命令，为"Adjustment"图层添加摄像机镜头模糊滤镜效果。将该滤镜效果中的"Layer"选项设置为"Village-Depth.tif"图层，调整"Blur Focal Distance"（模糊焦距）属性数值，使画面近景清晰且远处产生模糊；修改"Blur Radius"（模糊半径）属性数值，调整远景模糊程度，如图 6-30 所示。

图 6-30　使用"Camera Lens Blur"滤镜制作摄像机景深模糊效果

（3）此时可发现在图层边缘出现透明的区域，勾选"Edge Behavior（边缘特性）>Repeat Edge Pixels（重复边缘像素）"复选框即可解决该问题，如图 6-31 所示。

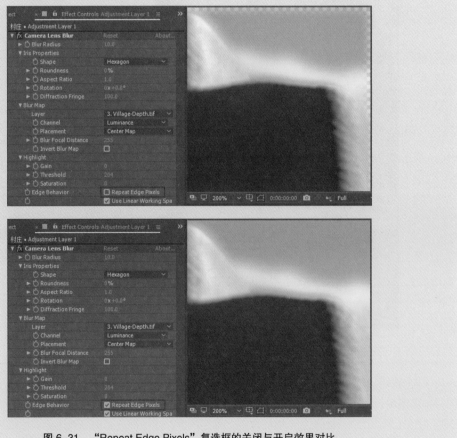

图 6-31　"Repeat Edge Pixels"复选框的关闭与开启效果对比

（4）再次拖曳项目面板中的"Village-Depth.tif"素材至时间线面板中并将该图层置于"Adjustment Layer 1"图层下方。修改"Village-Depth.tif"图层的混合模式为"Screen"模式，右键执行"Effect>Color Correction>Tint（色调）"命令，单击"Tint"滤镜效果中的"Swap Colors"（交换颜色）按钮，并修改"Map Black To"（将黑色映射到）的颜色，如图 6-32 所示。

图 6-32 使用"Tint"滤镜模拟大气效果

（5）右键执行"Effect> Color Correction>Curves"命令，调整 RGB 曲线，通过降低暗部颜色减少大气效果在近景范围的作用，如图 6-33 所示。

图 6-33 使用"Curves"滤镜减少大气效果在近景范围的作用

（6）使用快捷键"T"展开"Village-Depth.tif"图层的不透明度选项，调节不透明度来减少大气效果整体范围的作用，如图 6-34 所示。此时"宁静的小镇"效果制作完成。

图 6-34　调节不透明度减少大气效果整体范围的作用

6.4　课堂案例——微波荡漾的湖面

案例学习目标：学习使用"Displacement Map"滤镜完成湖面荡漾效果制作。

案例知识要点：掌握"Displacement Map""Turbulent Noise"滤镜、三维图层、蒙版及遮罩的综合运用。效果如图 6-35 所示。

扫码观看
案例步骤

扫码查看
案例效果

图 6-35　"微波荡漾的湖面"效果图

（1）将案例中所需素材导入项目面板中，新建一个分辨为 1920×1080、帧频为 25 帧 / 秒、时长为 5 秒的合成，命名为 "微波荡漾的湖面"。新建一个与前一合成相同设置的合成并命名为 "置换"，将 "置换" 合成拖曳至 "微波荡漾的湖面" 时间线面板中，双击 "置换" 预合成切换到该预合成的时间线面板，再将 "Lake.jpg" 素材拖曳至 "置换" 合成中。创建一个新的固态层，并对该固态层右键执行 "Effect>Noise & Grain>Turbulent Noise（湍流杂色）" 命令，调整该滤镜的参数并制作 "Transform>Offset Turbulence（湍流偏移）" 和 "Evolution"（演化）属性的关键帧动画，用于模拟水波动画的黑白通道，如图 6-36 所示。

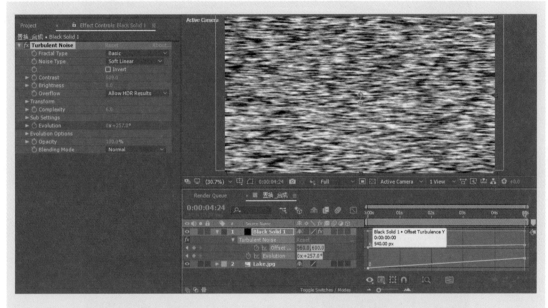

图 6-36　Turbulent Noise（湍流杂色）特效

（2）将该固态层的 3D 图层开关开启，调整 "Transform" 属性，使该图层产生与湖面大致匹配的空间感，如图 6-37 所示。

（3）修改 "Black Solid 1" 图层名称为 "噪波"，调整 "Lake.jpg" 与 "噪波" 图层的排列顺序，并为 "Lake.jpg" 图层添加蒙版，如图 6-38 所示。

（4）将 "噪波" 图层的蒙版模式设置为 "Alpha Inverted Matte" 模式，如图 6-39 所示。

（5）切换至 "微波荡漾的湖面" 合成时间线面板，将项目面板中的 "Lake.jpg" 素材拖曳至该时间线面板中，右键执行 "Effect>Distort>Displacement Map（置换图）" 命令，将 "Displacement Map Layer"（置换图层）选项设置为 "置换" 预合成图层，如图 6-40 所示。

（6）将 "Use For Horizontal Displacement"（用于水平置换）与 "Use For Vertical Displacement"（用于垂直置换）选项设置为 "Lightness"（亮度），并调节 "Max Horizontal Displacement"（最大水平置换）与 "Max Vertical Displacement"（最大垂直置换）属性数值，使水波纹效果更为真实，如图 6-41 所示。此时 "微波荡漾的湖面" 动画效果制作完成。

图 6-37　开启图层 3D 图层开关并调整变换属性

图 6-38　绘制"Lake.jpg"图层的蒙版

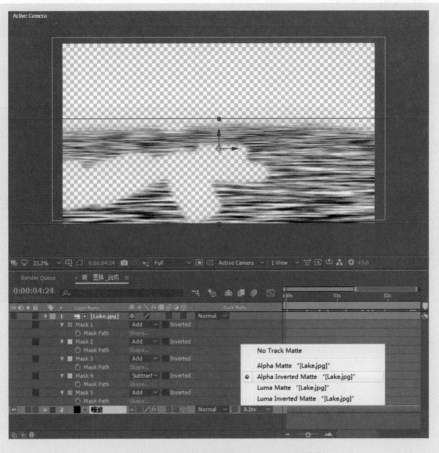

图 6-39　为"噪波"图层添加 Alpha 反相蒙版

图 6-40　使用"Displacement Map"滤镜并设置置换图层

图 6-41　调节最大水平与垂直置换属性数值

6.5 课后习题——文字扫光效果

习题知识要点：掌握梯度渐变、发光、径向模糊等常用滤镜的使用，效果如图6-42所示。

扫码观看
案例步骤

扫码查看
案例效果

图6-42 "文字扫光效果"效果图

第 7 章

07

抠像技术

▶ **本章导读**

本章对 After Effects 抠像技术的基础知识进行讲解。通过本章的学习，读者可以了解抠像技术的原理，学会如何使用 After Effects 中的内置抠像滤镜，掌握"Keylight"滤镜抠像及背景合成的方法与技巧，有助于在制作项目过程中应用相应的知识点，完成抠像任务。

知识目标
- 了解抠像技术的应用与发展。
- 了解抠像滤镜的作用。
- 熟练掌握"Keylight"抠像滤镜的使用。
- 掌握抠像素材背景的合成方法。

技能目标
- 掌握"夜间行驶的汽车"的制作方法。
- 掌握"赛车手"的制作方法。

抠像技术

7.1 抠像概述

"抠像"一词来源于早期的电视特效制作，目的是把拍摄素材中的背景替换成符合电视内容需求的背景。英文单词为"Keying"，含义为"吸取画面中的某一种颜色并将该颜色设置为透明"。通过这种方式就可以得到"以假乱真"的合成视频效果，如图7-1所示。

图7-1　抠像技术在电影中的运用

在早期的影视制作中，抠像技术依赖于昂贵的硬件设备作为支持，而且对拍摄环境、拍摄背景、拍摄光线、拍摄演员服装道具等各方面要求都非常严格，因此难以普及而且成本极高。随着影视行业技术的发展，抠像技术已成为影视后期合成中的一项重要技术和常用手段，被广泛地应用到电影、电视、广告、电视栏目等领域。例如，在影视拍摄过程中，由于受现有技术限制，或因经费预算有限而无法拍摄的场景，如高空跌落、爆破、太空穿梭以及需要动用大量人力物力的宏伟镜头等，使用抠像技术就能够得以轻松实现，如图7-2所示。

图7-2　运用抠像技术实现无法拍摄的效果

7.2 常用抠像方法

在 After Effects 中，抠像是根据图层中的特定颜色值或亮度值来进行的。指定图层中的某个颜色值或亮度值后，与该指定值类似的所有像素将变为透明，如图 7-3 所示。

图 7-3 被指定颜色值或亮度值类似的所有像素为透明

7.2.1 颜色键和亮度键

"Color Key"（颜色键）通过指定图层中的特定颜色值，实现与特定颜色值类似的内容透明，适用于对象与背景边缘锐利且不包含透明及半透明区域的图像。该滤镜由"Key Color"（主色）、"Color Tolerance"（颜色容差）、"Edge Thin"（薄化边缘）、"Edge Feather"（羽化边缘）4 个属性构成，如图 7-4 所示。

- Key Color（主色）：用于指定要抠除的颜色。可以单击吸管图标，再单击合成视图中需要抠除的颜色来完成主色设置。
- Color Tolerance（颜色容差）：指定要抠除的颜色范围。颜色容差数值越低，要抠除接近主色的颜色范围越小；数值越高，则要抠除的颜色范围越大。
- Edge Thin(薄化边缘)：用于调整抠像区域边界的宽度。数值为正值时，边界的透明区域增加；数值为负值时，边界的透明区域减少。
- Edge Feather（羽化边缘）：用于指定边缘的柔和度。数值越高，边缘越柔和，同时渲染时间越长。

"Luma Key"（亮度键）可以抠除图层中具有指定亮度或明亮度的所有区域，适用于对象与背景明暗关系强烈且不包含透明及半透明区域的图像。该滤镜由"Key Type"（亮度类型）、"Threshold"（阈值）、"Tolerance"（容差）、"Edge Thin"（薄化边缘）、"Edge Feather"（羽化边缘）5 个属性构成，如图 7-5 所示。

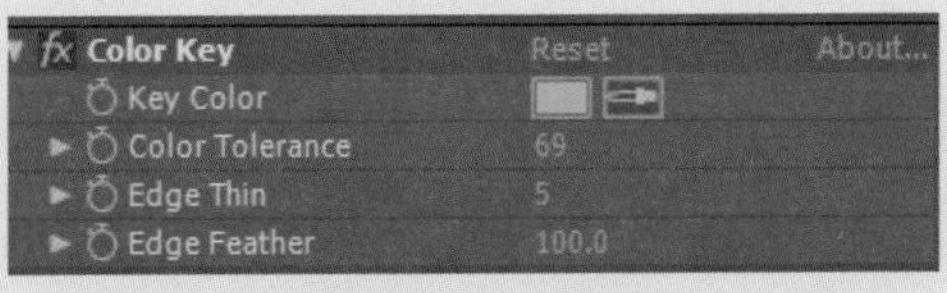

图 7-4 "Color Key"（颜色键）滤镜 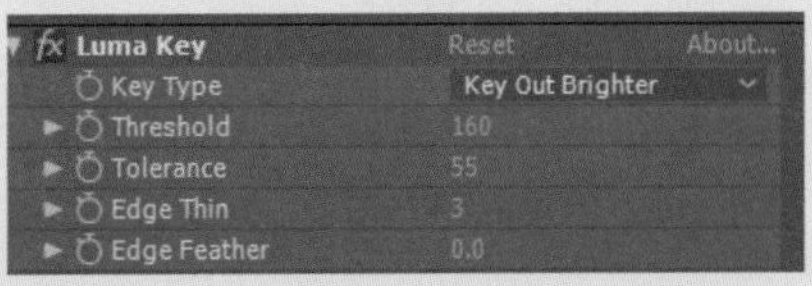   图 7-5 "Luma Key"（亮度键）滤镜

- Key Type（键控类型）：用于指定抠像范围。包含"Key Out Brighter"（抠除较亮区域）、"Key Out Darker"（抠除较暗区域）、"Key Out Similar"（抠除亮度相似的区域）、"Key Out Dissimilar"（抠除亮度不同的区域）4 种模式。

- Threshold（阈值）：用于设置抠像基于的明亮度值。

- Tolerance（容差）：指定要抠除的值的范围。数值越低，要抠除的阈值附近值范围越小；数值越高，要抠除的阈值附近值范围越大。

- Edge Thin（薄化边缘）：用于调整抠像区域边界的宽度。数值为正值时，边界的透明区域增加；数值为负值时，边界的透明区域减少。

- Edge Feather（羽化边缘）：用于指定边缘的柔和度。数值越高，边缘越柔和，同时渲染时间越长。

需要注意的是，在 After Effects CC 版本之后，"Color Key"与"Luma Key"滤镜已移到"Obsolete"（过时）效果类别中。了解"Color Key""Luma Key"滤镜有助于理解抠像的基本原理，在抠像技术学习的过程中，更容易掌握抠像技术的运用与技巧。

7.2.2 线性颜色键

对需要进行抠像的图层右键执行"Keying> Linear Color Key（线性颜色键）"命令，即可为该图层添加"线性颜色键"滤镜效果。该效果适用于对象与背景边缘锐利的图像，该图像可以包含透明及半透明区域。滤镜由"Preview"（预览）、"View"（视图）、"Key Color"（主色）、"Match colors"（匹配颜色）、"Matching Tolerance"（匹配容差）、"Matching Softness"（匹配柔和度）、"Key Operation"（主要操作）7 个属性构成，如图 7-6 所示。

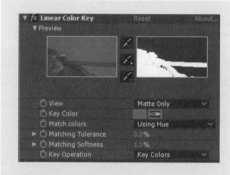

图 7-6　"Linear Color Key"滤镜

- Preview（预览）：显示两个缩略图图像。左侧缩略图图像表示未改变的源图像；右侧缩略图图像表示在"View"选项中所选择模式的呈现效果；中间吸管图标分别用于指定主色、匹配容差以及减去指定颜色。

- View（视图）：用于查看和比较抠像结果。包含"Final Output"（最终输出）、"Source Only"（仅限源）、"Matte Only"（仅限遮罩）3 种模式。

- Key Color（主色）：用于指定要抠除的颜色。

- Match colors（匹配颜色）：用于选择颜色空间，包含"Using RGB"（使用 RGB）、"Using Hue"（使用色相）、"Using Chroma"（使用色度）3 种颜色空间。

- Matching Tolerance（匹配容差）：指定主色的容差范围。数值越低，容差范围越小；数值越高，容差范围越大。

- Matching Softness（匹配柔和度）：用于柔化匹配容差。通常设为 10% 以下的数值可产生最佳结果。

- Key Operation（主要操作）：包含"Key Colors"（主色）、"Keep Colors"（保持颜色）两种模式，"Key Colors"主要用于线性抠像效果，"Keep Colors"主要用于弥补被上一级抠像滤镜或插件所抠除的无须抠除区域。

7.2.3 颜色差值键

对需要进行抠像的图层右键执行"Keying> Color Difference Key（颜色差值键）"命令，即可为该图层添加"颜色差值键"滤镜效果。该滤镜通过将图像分为"A"与"B"两个遮罩在相对的起始点创建透明度。其中"B"的作用是使透明度基于指定的主色，"A"的作用是使透明度基于不含第 2 种不同颜色的图像区域。"A"与"B"遮罩进行合并后得到一个新的"Alpha"遮罩，从而实现优质的抠像效果，适用于以蓝幕或绿幕为背景且亮度适宜的包含透明或半透明区域的图像，如玻璃、烟雾、阴影等。

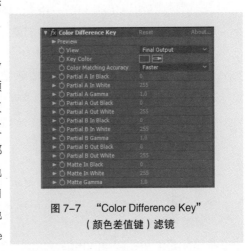

图 7-7 "Color Difference Key"（颜色差值键）滤镜

"颜色差值键"滤镜由"View"（视图）、"Key Color"（主色）、"Color Matching Accuracy"（颜色匹配准确度）、"Partial A/B In Black"（黑色区域的 A/B 部分）、"Partial A/B In White"（白色区域的 A/B 部分）、"Partial A/B Gamma"（A/B 部分的灰度系数）、"Partial A/B Out Black"（黑色区域外的 A/B 部分）、"Partial A/B Out White"（白色区域外的 A/B 部分）、"Matte In Black"（黑色遮罩）、"Matte In White"（白色遮罩）、"Matte Gamma"（遮罩灰度系数）功能组成，如图 7-7 所示。

- View（视图）：用于查看和比较抠像效果。默认状态下为"Final Output"模式。在调整单独遮罩过程中，可能会根据需求在这些模式之间多次切换。
- Key Color（主色）：用于指定要抠除的颜色。如果需要抠除蓝幕，则使用默认的蓝色即可；如需要抠除其他颜色，可使用"吸管工具"选择需抠除的颜色，或使用"色板"从颜色空间中自定义颜色。
- Color Matching Accuracy（颜色匹配准确度）：包含"Faster"（更快）、"More Accurate"（更准确）两种模式。
- Partial A/B In Black（黑色区域的 A/B 部分）：用于调整黑色区域内的透明度水平。
- Partial A/B In White（白色区域的 A/B 部分）：用于调整白色区域内的不透明度水平。
- Partial A/B Gamma（A/B 部分的灰度系数）：用于控制透明度值遵循线性增长的程度。
- Partial A/B Out Black（黑色区域外的 A/B 部分）：用于调整黑色区域外的透明度水平。
- Partial A/B Out White（白色区域外的 A/B 部分）：用于调整白色区域外不透明度水平。
- Matte In Black（黑色遮罩）：用于调整抠像结果的透明区域。
- Matte In White（白色遮罩）：用于调整抠像结果的不透明区域。
- Matte Gamma（遮罩灰度系数）：用于控制抠像结果的透明度值遵循线性增长的程度。

7.2.4 内部 / 外部键

"Inner/Outer Key"（内部 / 外部键）滤镜是利用蒙版来定义被隔离对象的边缘内部与外部的效果，适用于对象与背景边缘模糊或对象包含毛发的图像。用于该滤镜的蒙版无须完全贴合对象边缘。该滤镜可以修改边界周围的颜色从而消除源背景的颜色，这个过程会确定并消除背景颜色对每个边界像素颜色的影响，从而移除在新背景中遮罩柔化边缘的对象时出现的"光环"现象。对需要添加该滤镜的图层右键执行"Keying> Inner/Outer Key"命令，即可为该图层添加"内部 / 外部键"滤镜效果，如图 7-8 所示。

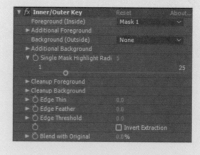

图 7-8　"Inner/Outer Key"
（内部 / 外部键）滤镜

- Foreground（前景 / 内部）：需要在该图层上沿前景对象内部绘制蒙版，并将蒙版模式设置为 "None"来将该选项指定到内部蒙版。单独使用该功能的方法仅适用于边缘简单的对象。

- Additional Foreground（其他前景）：需要提取多个前景对象时，需绘制多个蒙版并将蒙版模式设置为"None"。

- Background（Outside）（背景 / 外部）：需要在该图层上绘制前景对象边缘外侧的外部蒙版，并将蒙版模式设置为"None"后，将该选项指定到外部蒙版。使用该功能的方法适用于边界模糊或不确定区域内容相对复杂的对象。

- Additional Background（其他背景）：需要提取多个背景对象时，需绘制多个蒙版并将蒙版模式设置为"None"。

- Single Mask Highlight Radius（单个蒙版高光半径）：用于控制蒙版周围边界大小。使用单个蒙版功能时该功能可被使用。

- Cleanup Foreground（清理前景）：创建并指定其他蒙版用于清理图像的前景区域，使该区域不透明度增加。

- Cleanup Background（清理背景）：创建并指定其他蒙版用于清理图像的背景区域，使该区域不透明度降低。

- Edge Thin（薄化边缘）：用于指定受抠像影响的遮罩的边界数量。

- Edge Feather（羽化边缘）：用于指定边缘的柔和度。

- Edge Threshold（边缘阈值）：通过"软屏蔽"的方式移除低不透明度的杂色。

- Invert Extraction（反转提取）：反转前景与背景的区域。

- Blend with Original（与原始图像混合）：调节生成的提取图像与原始图像的混合程度。

7.3　Keylight 抠像应用

After Effects 包含多个内置抠像滤镜，其中"Keylight"抠像滤镜在专业品质的抠像效果方面表现更为出色。虽然在 After Effects 中内置了许多抠像效果，但某些抠像效果（例如"Color Key""Luma Key""Linear Color Key"等滤镜）已经被"Keylight"滤镜所替代，如图 7-9 所示。

需要注意的是，"Keylight"滤镜是一款"抠色"滤镜，不支持黑色及白色的背景抠除。另外，对于某些素材在使用"Keylight"滤镜进行抠像时，结合"Key Cleaner"（抠像清除器）与"Advanced Spill Suppressor"（高级溢出抑制器）滤镜，可以实现更高品质的抠像效果，如图 7-10 所示。

● Key Cleaner（抠像清除器）：可用于恢复通过抠像滤镜抠出的场景中的 Alpha 通道细节。

● Advanced Spill Suppressor（高级溢出抑制器）：可用于去除抠像效果的前景主色溢出，包含"Standard"（标准）、"Ultra"（极致）两种方式。

图 7-9　"Keylight" 滤镜

图 7-10　结合 "Key Cleaner" 与 "Advanced Spill Suppressor" 滤镜实现更高品质的抠像效果

7.4　课堂案例——夜间行驶的汽车

案例学习目标：学习使用 "Keylight" 滤镜完成抠像合成制作。

案例知识要点：通过使用 "Keylight" 滤镜完成绿幕抠像，使用 "Key Cleaner" 滤镜调整抠像细节，使用 "Advanced Spill Suppressor" 滤镜去除抠像效果的前景主色溢出，使用 "Tritone" 与 "Curves" 完成调色效果。效果如图 7-11 所示。

扫码观看
案例步骤

扫码查看
案例效果

图 7-11　课堂案例效果图

（1）按住"Alt"键单击"Project"项目面板下方的色彩深度设置按钮，直至色彩深度变更为"32 bpc"。在抠像合成工作中，使用该色彩深度可以最大化对颜色的控制。双击"Project"项目面板，弹出"导入素材"对话框，将案例中所需要的素材导入到项目面板中，使用"Ctrl+S"组合键保存项目，将工程命名为"夜间行驶的汽车"，然后选择保存位置对该项目文件进行保存。

将"Raw_BG.mov"文件拖到"Project"项目面板下方的"新建合成"按钮 上，新建一个与该文件匹配的合成，并将该合成命名为"夜间行驶的汽车"。右键单击"Raw_BG.mov"执行"Effect>Keying> Keylight（1.2）"命令，在该图层上添加"Keylight"滤镜效果。使用"Screen Colour"右侧的"吸管工具"，在合成视图面板中单击画面的绿色区域，完成初步的抠像工作，如图7-12 所示。

图7-12　使用"吸管工具"抠除绿色背景

（2）将"View"切换到"Screen Matte"（屏幕遮罩）模式，通过观察黑白通道信息，适当调整"Screen Gain"（屏幕增益）减少主色对前景以及车窗玻璃的影响，并适当调整"Screen Balance"（屏幕平衡）改变颜色范围偏向，从而改善抠像效果，如图7-13 所示。

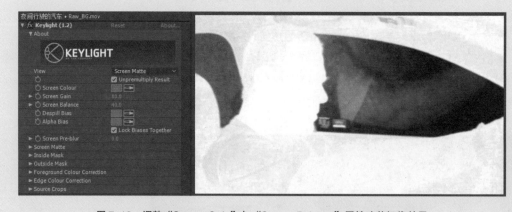

图7-13　调整"Screen Gain"与"Screen Balance"属性改善抠像效果

（3）展开"Screen Matte"子菜单，调整"Clip White"（白色修剪）属性数值，使前景灰白色区域被修剪为白色，即前景的半透明区域被修剪为不透明。将"View"切换到"Final Result"（最终结果）模式，调整"Screen Pre-blur"（屏幕预模糊）属性数值，被抠除区域中的噪点产生轻微的模糊，如图7-14 所示。

（4）通过调整"Clip Rollback"（修剪回退）属性数值减少前景边缘区域，调整"Screen Softness"（屏幕柔化）属性数值柔化透明及半透明区域，调整"Screen Despot White"（屏幕白斑）属性数值平滑半透明区域的白色噪点，如图7-15 所示。

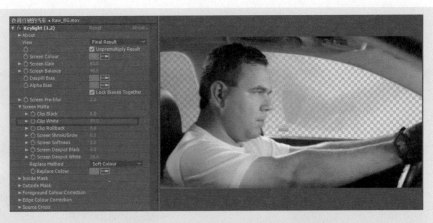

图 7-14 通过"Clip White"属性调整前景不透明度

图 7-15 修剪前景边缘与柔化抠像区域

（5）将"street_BG.mov"素材拖曳至"Raw_BG.mov"图层下方作为新的背景图层，并对"street_BG.mov"图层右键执行"Effect>Color Correction>Curves"命令，为该图层添加曲线滤镜。调整曲线改变背景图层效果，如图 7-16 所示。

图 7-16 调整新背景图层的曲线滤镜效果

（6）对"Raw_BG.mov"图层右键执行"Effect>Keying>Advanced Spill Suppressor"命令，将"Method"（方法）设置为"Ultra"模式，通过该滤镜可以去除画面绿色溢出，如图7-17所示。

图7-17　使用"Advanced Spill Suppressor"滤镜去除画面绿色溢出

（7）此时需要调色使画面符合夜间效果。新建一个"Adjustment Layer"图层并右键执行"Effect>Color Correction>Tritone(三色调)"命令，调整"Midtones"(中间调)的颜色，修改"Blend With Original"（与原始图像混合）属性数值，使画面整体偏向于冷色，如图7-18所示。

图7-18　使用"Tritone"滤镜调整画面整体色调

（8）对"Adjustment Layer"图层右键执行"Effect>Color Correction>Curves"命令，调整曲线使画面变暗以符合夜间效果，如图7-19所示。

图 7-19　使用 "Curves" 滤镜调整画面亮度

（9）接下来调整抠像合成细节，改善前景与背景的融合效果。选择 "Raw_BG.mov" 图层，在 "Keylight" 滤镜中展开 "Foreground Colour Correction"（前景颜色校正）子菜单，开启 "Enable Colour Correction" 开关，将 "Colour Suppression（色彩抑制）>Suppress（抑制）" 设置为 "Green" 模式，并调整 "Suppression Balance"（平衡抑制）、"Suppression Amount"（抑制数量）属性数值，展开 "Colour Balance Wheel"（色彩平衡轮）并调整色彩平衡位置，如图 7-20 所示。

图 7-20　调整 "Raw_BG.mov" 图层的前景颜色

（10）展开 "Edge Colour Correction"（边缘颜色校正）子菜单，开启 "Enable Edge Colour

Correction"开关，将"Edge Colour Suppression(边缘色彩抑制)>Suppress(抑制)"设置为"Green"模式，并调整 "Suppression Balance" （平衡抑制）、"Suppression Amount" （抑制数量）属性数值，展开"Colour Balance Wheel" （色彩平衡轮）并调整色彩平衡位置，如图 7-21 所示。

图 7-21 调整"Raw_BG.mov"图层的边缘颜色

（11）在"Screen Matte" 子菜单中修改"Replace Colour" （替换颜色）属性的颜色。借助替换主色溢出的部分颜色的方法可以改善车窗颜色过于单一的情况，如图 7-22 所示。

图 7-22 借助"替换颜色"方式丰富车窗颜色细节

（12）此时"夜间行驶的汽车"抠像合成效果已制作完成。如果在预览过程中发现抠像边缘产生深色或浅色边缘，可选择"Raw_BG.mov"图层，右键执行"Effect>Keying> Key Cleaner"命令，并开启"Reduce Chatter"（减少震颤）开关去除边缘半透明噪点，通过该滤镜恢复抠像边缘的细节。最终效果如图 7-23 所示。

图 7-23 最终完成效果展示

7.5 课后习题——赛车手

习题知识要点：掌握"Keylight"滤镜的使用和抠像技巧，运用多款滤镜实现前景与背景的颜色及空间感的融合，掌握抠像与合成的方法与细节表现。效果如图 7-24 所示。

扫码观看
案例步骤

扫码查看
案例效果

图 7-24 "赛车手"效果图

第 8 章

跟踪与稳定

08

本章导读

　　本章对 After Effects 跟踪与稳定的基础知识进行讲解。通过本章的学习，读者可以对 After Effects 一点及多点跟踪、画面稳定跟踪、摄像机反求有一个大体的了解，有助于在制作视频跟踪效果过程中，应用相应的知识点，完成视频跟踪及摄像机反求的制作任务。

知识目标
● 了解跟踪的作用及相关知识。
● 熟练掌握一点及多点跟踪的使用方法。
● 熟练掌握稳定跟踪的使用方法。
● 熟练掌握摄像机反求的使用方法。
● 掌握跟踪及摄像机反求的特效合成技巧。

技能目标
● 掌握"更换天空"的制作方法。
● 掌握"更换计算机屏幕"的制作方法。

跟踪与稳定

8.1 运动跟踪

运动跟踪是指对指定区域进行跟踪分析，并自动创建关键帧，将跟踪的结果应用到其他层或效果上制作所需的动画效果。跟踪对象的运动，并将该运动的跟踪数据应用于其他图层或效果控制点，可使图像和效果跟随被跟踪对象一致运动。

运动跟踪有许多用途，例如将一段视频添加到正在行驶的巴士一侧，或使正在运动的球发光，也可以将运动跟踪得到的位置信息链接到音频的声道，使立体声音频随运动物体产生左右声道的音量变化等。因此，运动跟踪也是在动画合成中运用频率较高的一种合成方式。

在 After Effects 中进行运动跟踪有多种方法，通常来说取决于要跟踪的内容。在开始跟踪前，需查看并确认素材整段持续时间内所有画面，以确定最佳被跟踪对象及跟踪所使用的通道。例如在素材的某一帧中可清晰识别的对象可能会在其他帧因为光照、角度或周围环境及元素变化而不易识别、因为景深的变化或受其他元素影响而变得模糊、出现对象移出画面外或受其他元素遮挡等情况，都可能导致跟踪过程的失败。选择合适的被跟踪对象和通道，成功跟踪的概率会提升。适合被跟踪的对象具有以下特征。

- 整段素材过程中均可见。
- 搜索区域内的明亮度或颜色与周围区域明显不同。
- 搜索区域内的形状与周围区域明显不同。
- 在素材拍摄中保持一致的形状、明亮度及颜色。

8.1.1 一点跟踪

一点跟踪适用于跟踪运动物体在二维平面上的位置变化。选择需要被跟踪的动画（如视频或图片序列）图层，执行"Window>Tracker"命令开启"Tracker"（跟踪器）窗口后，单击"Track Motion"（跟踪运动）按钮，此时该图层的"Layer"（图层）视图面板会被激活，同时在图层视图的中央出现一个"Track Point 1"（跟踪点 1）。图层视图面板中的"Track Point"由"搜索区域""特性区域"及"附加点"组成，如图 8-1 所示，1 为"搜索区域"，2 为"特性区域"，3 为"附加点"。

（1）搜索区域：搜索区域是为被跟踪区域在前后帧的位置变化所预留的搜索空间。缩小搜

图 8-1　图层视图面板中跟踪点的构成

索区域的范围可节省跟踪时间，但会增大失去跟踪目标的风险。

（2）特性区域：特性区域定义图层中被跟踪的包含有一个明显的视觉元素的区域，这个区域需要在整个跟踪阶段都能被清晰辨认。

（3）附加点：附加点是用来指定跟踪结果的附加位置。

使用运动跟踪时，需要通过调整跟踪点的搜索区域、特性区域及附加点，使用选择工具分别或共同调整这些属性。在移动特性区域时，特性区域内的图像区域会放大到400%，以便更为精确地定义跟踪区域。鼠标指针图标的作用说明如图8-2所示。

单击"Tracker"窗口中的"Options"（选项）按钮，可对动态跟踪器选项进行设置。根据被跟踪对象与周围环境的色彩、明亮度及饱和度的差异情况，可选择最佳的通道，以提高跟踪的成功率，如图8-3所示。

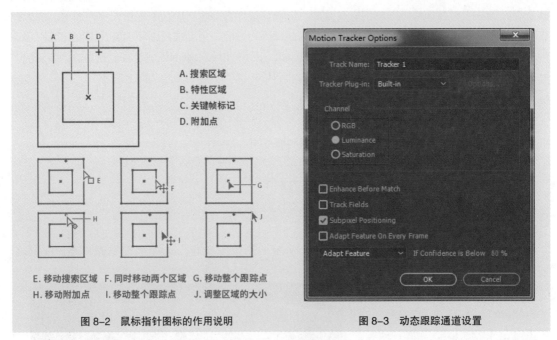

图8-2　鼠标指针图标的作用说明　　　　　图8-3　动态跟踪通道设置

"Tracker"窗口中的"Analyze"（分析）工具按钮从左至右依次为"向后分析一个帧""向后分析""向前分析""向前分析一个帧"。我们可根据需求选择单击"向后 / 向前分析"按钮分析某个时间方向的所有运动跟踪。如需要跟踪一段复杂的特性时，可使用"向后 / 向前分析一个帧"按钮分析某个时间方向的单帧运动跟踪，如图8-4所示。

图8-4　分析

分析完成后，单击"Edit Target"（编辑目标）按钮，在弹出的"Motion Target"（运动目标）窗口中可以设置将运动跟踪分析结果指定为某个图层，设置完毕单击"OK"按钮确认，如图8-5所示。

通常情况下，将分析结果指定为"Null"图层，再将跟踪元素通过"Parent"继承到"Null"图层，可以方便后续的调整。指定图层完成后，再单击"Apply"（应用）按钮，会弹出"Motion Tracker Apply Options"（动态跟踪器应用选项），可通过设置"Apply Dimensions"（应用维度）选项，将分析结果指定为该图层的两个轴向或某一个轴向，如图8-6所示。

 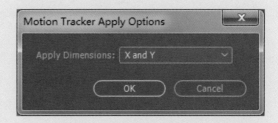

图8-5　将运动跟踪分析结果指定为"Null"图层　　图8-6　设置跟踪分析结果的应用维度

8.1.2　两点跟踪

两点跟踪适用于跟随运动物体在二维平面上的位置、旋转及比例变化。单击"Track Motion"（跟踪运动），在"Track Type"（跟踪类型）为"Transform"（变换）模式下，勾选"Rotation"与"Scale"复选框，会在图层视图中增加第2个跟踪点"Track Point 2"（跟踪点2），如图8-7所示。

图8-7　开启两点跟踪

调整两个跟踪点至最佳跟踪状态，根据需求单击"Analyze"（分析）的相应按钮，直至跟踪分析完成。通过两个跟踪点得到的分析结果，就可以得到被跟踪对象的旋转及缩放大小信息。通常情况下，"Track Point 1"跟踪点默认为旋转或缩放的轴心，如图8-8所示。

图 8-8　两点跟踪分析

与一点跟踪相同，分析完成后，将运动跟踪分析结果指定为"Null"图层，单击"Apply"（应用）按钮并设置所需要的"Apply Dimensions"（应用维度），再将跟踪元素通过"Parent"继承到"Null"图层，可以方便后续的调整，如图 8-9 所示。

图 8-9　将元素通过"Parent"继承到"Null"图层

8.1.3　四点跟踪

四点跟踪又叫作"边角定位跟踪",适用于跟踪四角平面区域的变化。选择被跟踪图层,执行"Track Motion"（跟踪运动）命令后,在"Tracker"窗口中单击"Track Type"（跟踪类型）下拉选项,可看到"Parallel corner pin"（平行边角定位）和"Perspective corner pin"（透视边角定位）两种四点跟踪类型,如图 8-10 所示。

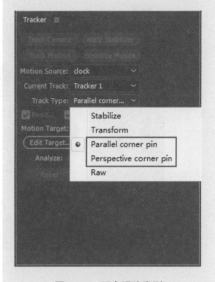

图 8-10　四点跟踪类型

- Parallel corner pin（平行边角定位）：此模式在图层视图中使用前 3 个跟踪点并计算第 4 个点的位置,适用于跟踪被跟踪对象在二维平面上的倾斜和旋转效果。因其平行线保持平行并保持相对距离,所以对包含透视变化的效果不适用。
- Perspective corner pin（透视边角定位）：此模式在图层视图中使用 4 个跟踪点,适用于跟踪被跟踪对象的倾斜、旋转和透视变化效果。

以"Perspective corner pin"为例,在图层视图中可以看到 4 个跟踪点,如图 8-11 所示。

图 8-11　透视边角定位

在图层视图中的 4 个跟踪点依次分别为"左上""右上""左下""右下",将这些跟踪点移动至被跟踪对象的 4 个相应的边角位置,并根据素材情况调整这些跟踪点的属性,如图 8-12 所示。

图 8-12　透视边角定位跟踪点调整

根据需求单击"Analyze"（分析）的相应按钮，直至跟踪分析完成，如图 8-13 所示。

图 8-13　完成跟踪分析

与一点跟踪及两点跟踪有所区别的是，四点跟踪不适合应用于"Null"图层，而是应用于期望实现跟踪效果的图层上。单击"Edit Target"（编辑目标）按钮，在弹出的"Motion Target"（运动目标）窗口中设置将运动跟踪分析结果指定为期望实现跟踪效果的图层，设置完毕后单击"OK"按钮确认，如图 8-14 所示。

单击"Apply"（应用）按钮后，会

图 8-14　为运动跟踪分析结果指定图层

在被指定图层上自动生成"Corner Pin"（边角定位）滤镜，并将跟踪分析结果自动转化为该滤镜中的"Upper Left"（左上）、"Upper Right"（右上）、"Lower Left"（左下）、"Lower Right"（右下）及"Transform"（变换）中的"Position"（位置）属性，如图8-15所示。

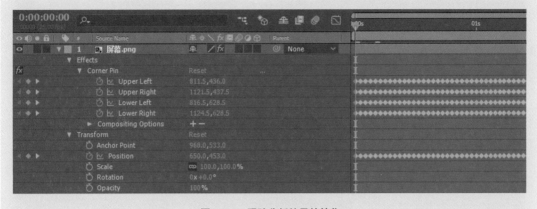

图8-15　跟踪分析结果的转化

将跟踪分析结果指定为被指定图层的预合成可以方便对该图层后续的调整或修改。选择被指定图层，使用"Ctrl+Shift+C"组合键执行"Pre-compose"（预合成）命令，在弹出的"Pre-compose"窗口中，选择"Leave all attributes in…"（保留图层中的所有属性）选项，单击"OK"按钮确定，即可完成该图层的预合成创建工作，如图8-16所示。

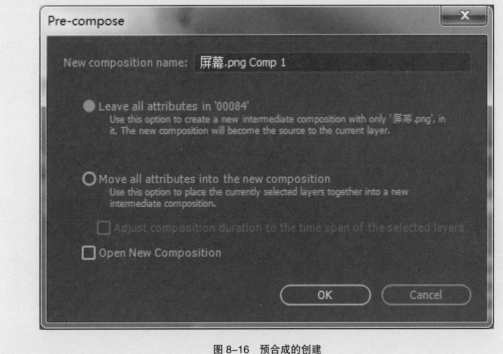

图8-16　预合成的创建

预合成创建完成后，可随时在该预合成内修改图层内容或添加新的图层及图层效果，如图8-17所示。

图 8-17 使用预合成作为被指定图层

8.2 课堂案例——更换天空

案例学习目标：学习使用点跟踪方式完成跟踪及合成效果制作。

案例知识要点：使用"Levels"（色阶）、"Curves"（曲线）滤镜对素材进行调色，使用"Pre-compose"（预合成）命令为素材新建预合成，使用"Track Motion"（跟踪运动）的"Position"（位置）对素材进行跟踪，使用"Null"图层作为运动跟踪分析结果指定图层，使用"Parent"将天空图层继承到"Null"图层上，使用"Mask"蒙版工具为天空图层制作蒙版，使用"Camera Lens Blur"（摄像机镜头模糊）滤镜为天空图层添加镜头模糊效果。效果如图 8-18 所示。

扫码观看
案例步骤

扫码查看
案例效果

图 8-18 课堂案例效果图

（1）双击"Project"项目面板，弹出"导入素材"对话框。将案例中所需要的素材导入到项目面板中，使用"Ctrl+S"组合键保存项目，将工程命名为"更换天空"。然后选择保存位置对该项目文件进行保存，如图 8-19 所示。

图 8-19 导入素材并保存项目

（2）将"MVI_4156.mov"文件拖到 "新建合成"按钮位置，新建与该素材匹配的合成。将该合成重新命名为"更换天空"，如图 8-20 所示。

图 8-20 新建合成

（3）右键单击"MVI_4156.mov"图层，执行"Color Correction>Levels"与"Color Correction>Curves"命令，为该图层添加"色阶"和"曲线"滤镜。调整"Levels"滤镜的"Histogram"（直方图），并通过"Curves"滤镜中的切换"Channel"（通道）选项对各通道曲线进行调整，调整方式如图 8-21 所示。

图 8-21　使用滤镜调整图层颜色

（4）选择"MVI_4156.mov"图层，使用"Ctrl+Shift+C"组合键执行"Pre-compose"（预合成）命令，在弹出的"Pre-compose"窗口中，选择"Move all attributes into the new composition"（将所有属性移动到新合成）选项，单击"OK"按钮确定新建预合成，如图 8-22 所示。

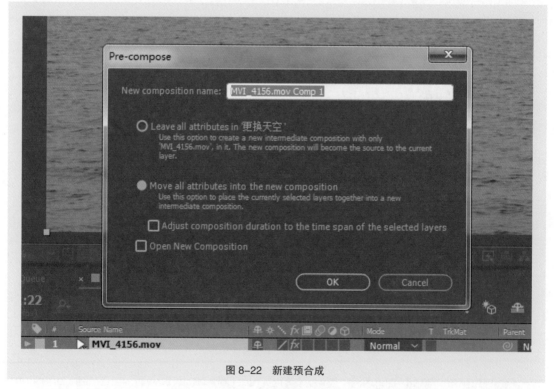

图 8-22　新建预合成

（5）预览整段视频，找到适合的跟踪方式及跟踪对象后，将"时间指示器"移动到时间轴 0s 起始位置，执行"Window>Tracker"，激活"Tracker"窗口，在"MVI_4156.mov Comp 1"图层被选择的情况下单击"Track Motion"按钮，将跟踪点调整到图 8-23 所示。

图 8-23 调整跟踪点

（6）单击"Tracker"窗口中"Analyze"的"向前分析"按钮▶开始进行运动跟踪分析。如果在运动跟踪分析过程中某一帧出现跟踪失败的情况，则需要手动校正该帧的分析结果，或调整跟踪点并重新分析，如图 8-24 所示。

图 8-24 运动跟踪分析

（7）运动跟踪分析完成后，右键单击"时间线面板"左侧空白区域，执行"New>Null Object"，新建一个"Null"图层。选择"MVI_4156.mov Comp 1"图层，单击"Tracker"窗口中的"Edit Target"按钮弹出"Motion Target"设置，将"Layer"设置为"Null 1"图层，单击"OK"按钮确定。再单击"Tracker"窗口中的"Apply"按钮，确认弹出的"Apply Dimensions"设置为"X and Y"后单击"OK"按钮确定。此时，运动跟踪分析结果已指定到"Null 图层"，如图 8-25 所示。

图 8-25　将运动跟踪分析结果指定到"Null"图层

（8）将天空图片放置在合成的最上层，调整该图层的位置及缩放属性，并使用"Parent"继承到"Null"图层上。使用蒙版工具去掉不需要显示的内容，并调整羽化值。需要注意蒙版的左右长度应大于图层的长度，如图 8-26 所示。

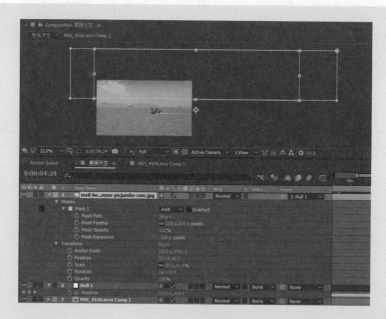

图 8-26　添加蒙版

（9）右键单击天空图层，执行"Effect>Blur & Sharpen>Camera Lens Blur"命令，为该图层添加摄像机镜头模糊滤镜，如图 8-27 所示。

（10）使用快捷键"Num 0"预览并检查最终效果，如图 8-28 所示。

（11）将完成的效果输出为视频，如图 8-29 所示。

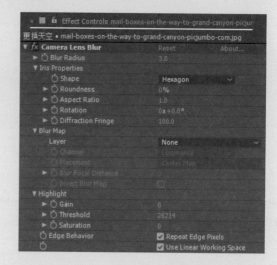

图 8-27　添加摄像机镜头模糊效果

图 8-28　效果预览

图 8-29　输出为视频

8.3　稳定跟踪

　　使用运动跟踪，将跟踪影片中的目标物体的运动数据作为补偿画面运动的依据，即可实现画面的稳定跟踪。

8.3.1　去除镜头抖动

　　对于因手持或其他原因导致拍摄内容抖动的素材，可以通过"Tracker"窗口中的"Warp Stabilizer"（变形稳定器）功能消除因摄像机移动造成的抖动，如图 8-30 所示，从而可将摇晃的视频素材转变为稳定、流畅的拍摄内容。

　　选择需要稳定跟踪的视频或序列图层，在"Tracker"窗口中单击"Warp Stabilizer"（变形稳定器）按钮，此时该图层会添加一个"Warp Stabilizer VFX"滤镜，并

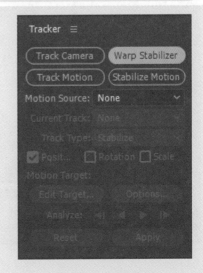

图 8-30　变形稳定器

于后台进行分析与稳定。其中分析过程如图 8-31 所示，稳定过程如图 8-32 所示。

如果素材中存在运动元素，则可能会影响稳定效果。可在稳定过程结束后，展开 "Advanced"（高级）卷展栏，勾选 "Show Track Points"（显示跟踪点）复选框，此时合成视图中的稳定效果会切换为显示轨迹点模式。在合成视图中拖动鼠标左键，将不需要参与解析稳定的轨迹点进行套索选择并使用快捷键 "Delete" 删除，如图 8-33 所示。

将无须解析稳定的轨迹点删除后，滤镜会根据现有轨迹点自动重新解析。滤镜包含 "Auto-delete Points Across"（跨时间自动删除点）选项，开启状态下可使手动删除后的轨迹点在其他时间上不再出现，该选项默认为开启状态。

图 8-31　稳定跟踪的场景分析过程

图 8-32　稳定跟踪的稳定过程

图 8-33　套索选择无须解析稳定的轨迹点并删除

8.3.2　去除抖动的注意事项

　　使用稳定跟踪虽然可以将摇晃的视频素材转变为稳定、流畅的拍摄内容，但为了避免素材边缘在合成视图中出现，滤镜会自动对素材进行放大处理 [自动缩放相关设置位于 "Borders>Auto-scale"（边界 > 自动缩放）中]，从而对视频画质有较大的影响。如图 8-34 所示，若将 "Framing"（取景）由默认的 "Stabilize, Crop, Auto-scale"（稳定，裁剪，自动缩放）修改为 "Stabilize Only"（仅稳定）后就可以看到素材边缘了。

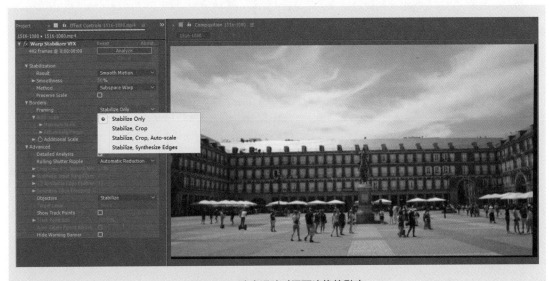

图 8-34　稳定跟踪对画面边缘的影响

8.4 摄像机反求

摄像机反求又叫作 3D 摄像机跟踪，是对动态素材（如视频、图片序列等）进行逆向分析，从而提取 3D 场景数据以及摄像机运动数据的过程。与稳定跟踪类似，摄像机反求过程使用后台进程进行分析与解析摄像机，如图 8-35 和图 8-36 所示。

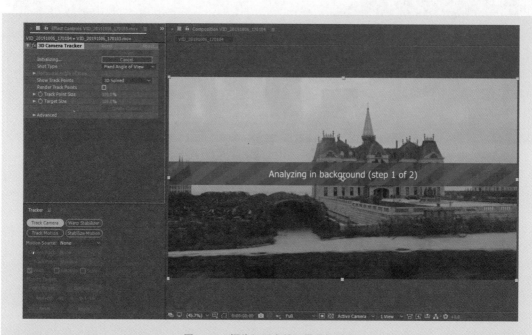

图 8-35　摄像机反求的场景分析过程

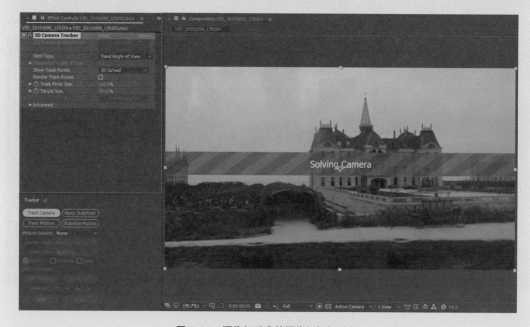

图 8-36　摄像机反求的摄像机解析过程

摄像机反求解析完成后，在合成视图中可以看到许多轨迹点。与稳定跟踪类似，如果有无须跟踪的轨迹点，可在合成视图中拖动鼠标左键套索选择这些轨迹点并删除。当鼠标指针移动到轨迹点附近或套索选择多个轨迹点时，会出现类似靶盘形状的"圆心目标"，其作用是显示与"圆心目标"相关联的轨迹点定义的平面。可通过观察"圆心目标"状态选择适合的轨迹点，单击右键执行"Set Ground Plane and Origin"（设置地平面和原点）命令，将该平面定义为三维坐标系的地平面和原点（坐标为 0，0，0），如图 8-37 所示。

图 8-37　定义三维坐标系的地平面和原点

也可以使用轨迹点新建图层。选择单个轨迹点，单击右键执行"Create Text and Camera"（创建文本和摄像机）、"Create Solid and Camera"（创建实底和摄像机）、"Create Null and Camera"（创建空白和摄像机）、"Create Shadow Catcher, Camera and Light"（创建阴影捕捉，摄像机和光源），也可套索选择多个轨迹点，单击右键执行"Create n Text Layers and Camera"（创建 n 个文本图层和摄像机）、"Create n Solids and Camera"（创建 n 个固态层和摄像机）、"Create n Nulls and Camera"（创建 n 个空对象和摄像机）。如图 8-38 所示，执行"Create Text and Camera"命令后，可修改创建的文本内容，该文本与对应轨迹点的三维空间坐标位置相同。

结合摄像机反求的方式，我们不仅可以替换素材中具有空间关系的内容，也可以制作出许多实拍与特效相结合的影片，如图 8-39 所示。

图 8-38　创建图层和摄像机

图 8-39　摄像机反求特效案例

8.5　课后习题——更换计算机屏幕

习题知识要点：使用"Perspective corner pin"跟踪计算机屏幕，使用"mask"制作屏幕反光区域，使用"Camera Lens Blur"制作摄像机镜头模糊效果。效果如图 8-40 所示。

扫码观看
案例步骤

扫码查看
案例效果

图 8-40　"更换计算机屏幕"效果图

常用插件

▶ 本章导读

插件是第三方公司针对 After Effects 开发的增效工具，为设计师提供额外的功能。使用插件可以轻松实现许多复杂的效果。本章对 After Effects 几款常用插件的功能及基础知识进行讲解。通过本章的学习，读者可以对这些插件有一个大体的了解，有助于在制作动画过程中应用相应的知识点，完成插件特效动画制作任务。

知识目标

- 了解插件在 After Effects 的重要作用。
- 熟练掌握 Particular 粒子插件的使用方法。
- 熟练掌握 Optical Flares 光晕插件的使用方法。
- 熟练掌握 Element 3D 三维模型插件的使用方法。
- 熟练掌握 Plexus 三维网格插件的使用方法。
- 熟练掌握 Primatte Keyer 抠像插件的使用方法。

技能目标

- 掌握"花瓣飘落"动画的制作方法。
- 掌握"阳光光晕"效果的制作方法。
- 掌握"三维文字汇入"动画的制作方法。
- 掌握"点线面汇聚文字"动画的制作方法。
- 掌握"古装剧背景合成"效果的制作方法。
- 掌握"燃烧文字"动画的制作方法。

常用插件

9.1 Particular 粒子插件

Particular 是 Red Giant 公司出品的"Trapcode Suite"视觉特效系列中一款功能强大的三维粒子插件，可以模拟烟雾、爆炸、火花、雨雪天气等效果，也可以制作绚丽、科技感的粒子动态图形效果，如图 9-1 所示。

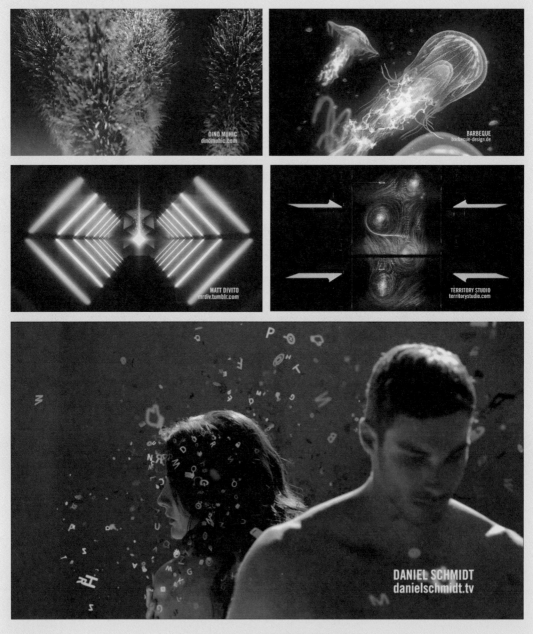

图 9-1　Particular 粒子插件制作效果展示

由于第三方插件并非 After Effects 自带滤镜，所以在使用该插件之前，需安装并确定所安装的"Trapcode Suite"是否适用于 After Effects 软件版本。本书以"Particular 4.1.4"版本进行讲解，如图 9-2 所示。

图 9-2　Particular 版本信息

9.1.1　Particular 粒子插件的应用

选取图层，执行"Effect>RG Trapcode>Particular"命令，可在该图层上添加"Particular"效果。在"Effect Controls"（效果控件）面板中可以看到该插件由"Designer"（设计界面）、"Show Systems"（显示系统）、"Emitter"（发射器）、"Particle"（粒子）、"Shading"（阴影）、"Physics"（物理）、"Aux System"（辅助系统）、"Global Fluid Controls"（全局流体控制）、"World Transform"（世界变换）、"Visibility"（可见）、"Rendering"（渲染）11 个子菜单组成。添加"Particular"效果后，拖动时间指示器，即可在合成视图面板中看到该插件默认状态下的粒子发射动画，如图 9-3 所示。

图 9-3　Particular 插件与默认效果

（1）Designer（设计界面）：在设计工具中，用户可以直观地观察粒子形态及运动变化，通过工具中包含的大量预设及参数，以动态图形化的方式进行创建和修改粒子效果。单击"Designer"按钮，会弹出"Trapcode Paticular Designer"（Trapcode Paticular 设计界面）窗口，如图 9-4 所示。

（2）Show Systems（显示系统）：包含"Master

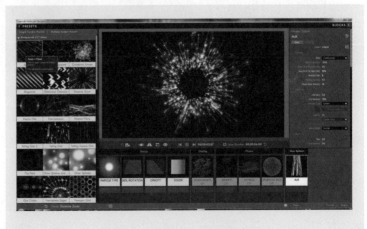

图 9-4　Designer（设计界面）

System"（主粒子系统）和7个"System"（多粒子系统）。通过这些系统，可以制作更为复杂的粒子变化动画效果。

（3）Emitter（发射器）：粒子的发射源，可以设置粒子的每秒发射数量、发射方式、发射器类型、发射器位置及角度等。

（4）Particle（粒子）：控制粒子寿命、形态、大小、透明及颜色等。

（5）Shading（阴影）：模拟粒子之间的阴影效果。

（6）Physics（物理）：包含"Air"（空气）、"Bounce"（反弹）和"Fluid"（流体）3种物理学计算方式。

（7）Aux System（辅助系统）：包含"None"（无）、"At bounce Event"（相对于反弹）、"Continuously"（连续出现）3种辅助模式。用来制作"Particle"出现或碰撞之后的延续粒子发射效果。

（8）Global Fluid Controls（全局流体控制）：当"Physics"中的"Physics Model"（物理学模型）设定为"Fluid"时，该子菜单可以被用于控制流体发射速度、黏度及仿真度等。

（9）World Transform（世界变换）：调整所有粒子整体的旋转及偏移。

（10）Visibility（可见）：设置粒子在视图纵深距离上的可见程度。

（11）Rendering（渲染）：设置渲染模式，调节景深及运动模糊等。

9.1.2　课堂案例——花瓣飘落

案例学习目标：学习使用Particular插件完成花瓣飘落效果制作。

案例知识要点：使用"Box"（立方体）作为发射器类型，使用"Textured Polygon"（多边形贴图）作为粒子类型，使用"Random Speed Rotate"（随机旋转速度）使花瓣随机旋转，使用"Air"（空气）使花瓣沿指定方向飘落，使用"Turbulence Field"（湍流场）使花瓣产生湍流运动。效果如图9-5所示。

扫码观看案例步骤　扫码查看案例效果

图9-5　课堂案例效果图

（1）单击"Project"项目面板下方的"新建合成"按钮，新建一个分辨率为1920像素×1080像素，帧速率为25，总时长为00:00:10:00的合成，将该合成命名为"花瓣飘落"，如图9-6所示。

（2）双击"Project"项目面板，弹出"导入素材"对话框。将案例中所需要的素材导入到项目面板中，使用"Ctrl+S"组合键保存项目，将工程命名为"花瓣飘落"，选择保存位置对该项目文件进行保存。

将"BG.jpg"文件拖到"花瓣飘落"合成的时间线面板中，使用组合键"Ctrl+Y"新建一个固态层，命名为"Particular"。并单击"Make Comp Size"（制作合成大小）按钮，使该固态层与合成大小匹配，如图9-7所示。

图 9-6　新建合成　　　　　　　　　　　　图 9-7　新建固态层

（3）将"花瓣 .jpg"文件拖到"新建合成"按钮
位置，新建与该素材匹配的合成，并将该合成拖到
"花瓣飘落"合成的时间线面板中。单击"Video-Hides
Video"开关隐藏该图层的显示，如图 9-8 所示。

（4）右键单击"Particular"图层，执行
"Effect>RG Trapcode>Particular"命令，在该图
层上添加"Particular"粒子插件效果。在"Effect
Controls"（效果控件）面板中展开"Particular"

图 9-8　隐藏"花瓣"合成的显示

的"Particle"（粒子）子菜单，将"Particle Type"（粒子类型）修改为"Textured Polygon"（多
边形贴图）。在"Texture"（纹理）中的"Layer"（图层）中选择"花瓣"，并对"Life"（生命）、
"Size"（尺寸）、"Size Random"（随机尺寸）数值进行调整，如图 9-9 所示。

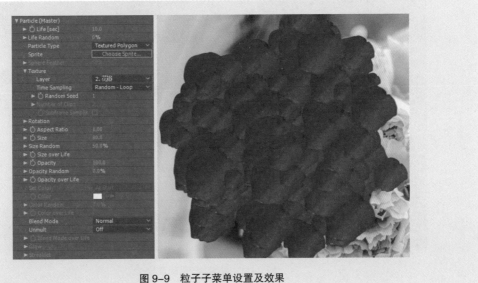

图 9-9　粒子子菜单设置及效果

（5）展开 "Physics"（物理）子菜单，修改 "Air"（空气）中的 "Wind X"（X 轴风）"Wind Y"（Y 轴风）数值。再展开 "Turbulence Field"（湍流场），修改 "Affect Position"（位置影响）、"Octave Scale"（紊乱细节）、"Evolution Offset"（紊乱偏移）等数值。"Physics"中的数值设定参考如图 9-10 所示。

图 9-10　物理模块设置及效果

（6）展开 "Emitter"（发射器）子菜单，减少 "Particles/sec"（每秒发射粒子数量）数值，将 "Emitter Type"（发射器类型）修改为 "Box"（立方体），将 "Emitter Size"（发射器尺寸）修改为 "XYZ Individual"（XYZ 独立控制）。"Emitter"中的数值设定参考如图 9-11 所示。

图 9-11　发射器子菜单设置

（7）花瓣飘落效果基本制作完成。此时需要花瓣旋转角度产生随机化。再次展开"Particle"（粒子）子菜单，修改"Rotation"（旋转）中的"Random Speed Rotation"（随机旋转速度）数值，如图9-12所示。

图9-12　设置随机旋转速度

（8）在时间线面板中单击右键，执行"New>Camera"命令，为当前合成添加摄像机，并开启摄像机景深模糊效果，如图9-13所示。此时"花瓣飘落"动画效果制作完成。

图9-13　创建摄像机并开启景深模糊效果

9.2 Optical Flares 光晕插件

Optical Flares 是 Video Copilot 公司出品的一款模拟镜头光晕效果的插件，可以模拟各种光源在镜头中呈现的光晕及光斑效果，如图 9-14 所示。

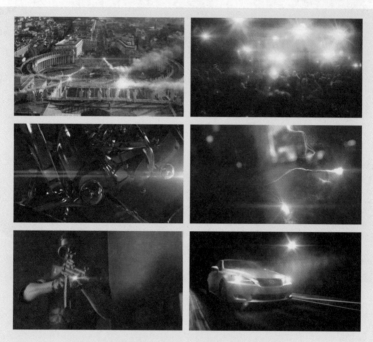

图 9-14 Optical Flares 光晕插件制作效果展示

9.2.1 Optical Flares 光晕插件的应用

右键单击图层，执行"Effect>Video Copilot> Optical Flares"命令，可在该图层上添加"Optical Flares"光晕插件效果。在合成视图面板中可以看到该插件默认状态下呈现的画面，如图 9-15 所示。

图 9-15 Optical Flares 插件与默认效果

（1）Flare Setup（光效设置）：用于设置光晕效果。单击"Options"（选项）按钮，会弹出"Optical Flares Options"（光晕效果选项）窗口。该窗口由菜单栏、工具栏以及"Preview"（预览）、"Stack"（堆栈）、"Editor"（编辑）、"Browser"（浏览）4个面板构成，如图9-16所示。

图9-16　光晕效果选项窗口

（2）Positioning Mode（定位模式）：指定光晕的"Source Type"（源类型），即光晕在二维或三维中的空间定位模式，支持"2D""3D""Track Lights"（灯光轨道）、"Mask"（蒙版）、"Luminance"（亮度）5种类型。

（3）Foreground Layers（前景图层）：以图层的 Alpha 或亮度信息作为光源的前景图层，使光源依据前景图层产生逼真的光源遮挡效果，如图9-17所示。

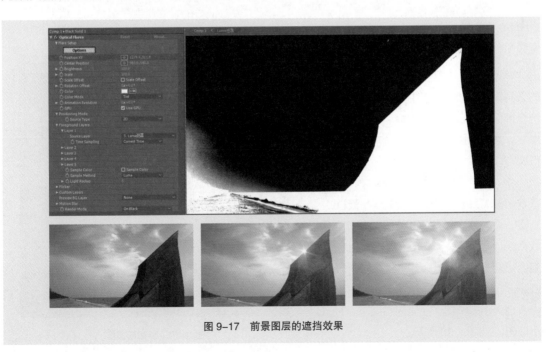

图9-17　前景图层的遮挡效果

（4）Flicker（闪烁）：模拟光源强弱变化效果。

（5）Custom Layers（自定义图层）：可自定义光源照在镜头表面形成的光斑效果，需配合"Optical Flares Options>Editor>Lens Texture>Texture Image"中的"Custom Layer"使用。

（6）Motion Blur（运动模糊）：使光晕在运动时产生运动模糊效果。

（7）Render Mode（渲染模式）：包含"On Black"（黑色背景）、"On Transparent"（透明背景）、"Over Original"（原始图像背景）3种模式。

9.2.2　课堂案例——阳光光晕

案例学习目标：学习使用 Optical Flares 插件完成阳光光晕效果制作。

案例知识要点：使用"Options"自定义光晕效果，使用"Position XY"制作光晕位移动画，使用"Foreground Layers"实现前景遮挡效果，使用"Lens Texture"（光斑图层）添加镜头光斑效果。效果如图 9-18 所示。

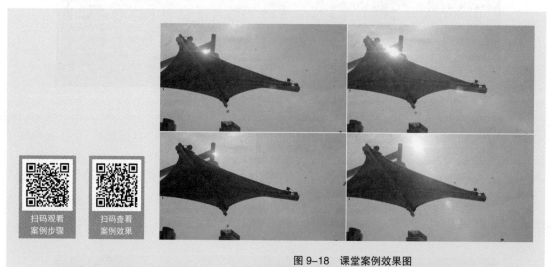

扫码观看
案例步骤

扫码查看
案例效果

图 9-18　课堂案例效果图

（1）双击"Project"项目面板，弹出"导入素材"对话框。将案例中所需的素材导入到项目面板中，使用"Ctrl+S"组合键保存项目，将工程命名为"阳光光晕"，然后选择保存位置对该项目文件进行保存。

将"风筝.mov"文件拖到"Project"项目面板下方的"新建合成"按钮上，新建一个与该文件匹配的合成，并将该合成命名为"阳光光晕"。使用"Ctrl+Y"组合键新建一个固态层，命名为"Optical Flares"，并单击"Make Comp Size"（制作合成大小）按钮，使该固态层与合成大小匹配，如图 9-19 所示。

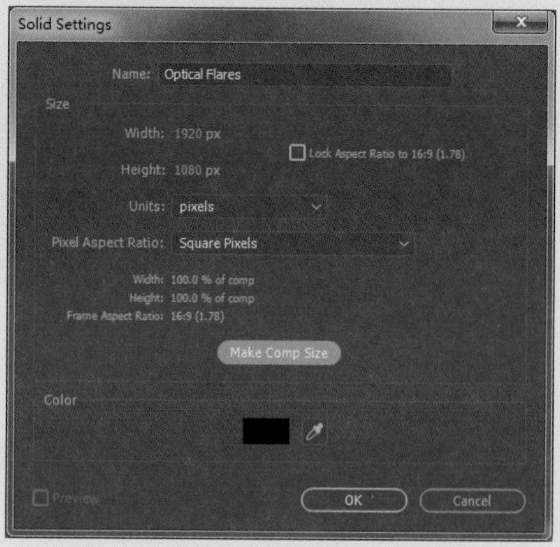

图 9-19　新建固态层

（2）右键单击"Optical Flares"图层，执行"Effect>Video Copilot> Optical Flares"命令，在该图层上添加"Optical Flares"光晕插件效果，并将该图层的"Mode"（混合模式）修改为"Screen"（屏幕）模式。单击"Options"按钮设置光晕效果（如"PRESET BROWSER"中缺少预设，则需先将插件安装包中的"Presets_Bundle"（预设包）里的文件夹复制到软件插件目录中的"VideoCopilot\Optical Flares\Optical Flares Presets\Lens Flares"文件夹中，将"GLOBAL PARAMETERS"（全局参数）中的"Texture Image"设置为"Smudgy"光斑贴图。单击右上角的"OK"按钮创建指定的效果，如图9-20所示。

图 9-20　设置光晕及光斑效果

（3）使用合成中的"风筝.mov"图层新建一个预合成并双击进入预合成时间线面板。右键单击预合成中的"风筝.mov"，执行"Effect>Color Correction>Tritone（三色调）"命令，将"Midtones"（中间调）更改为黑色，再次执行"Effect>Color Correction>Curves（曲线）"，并调整曲线，使合成视图效果如图9-21所示。

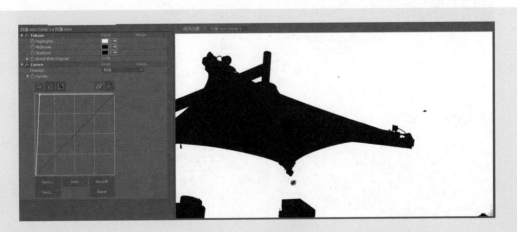

图 9-21　调整色调

（4）回到"阳光光晕"合成时间线面板，选择"Optical Flares"图层，将"Optical Flares>Foreground Layers>Layer 1>Source Layer"设置为"风筝 .mov Comp 1"，将"Sample Method"（采样方式）设置为"Luma Invert"（亮度反转）模式，单击"Position *XY*"的码表按钮 ，制作光晕位移动画，如图 9-22 所示。

图 9-22　制作光晕位移动画

（5）关闭"风筝 .mov Comp 1"预合成图层的显示，在"Project"面板中拖入新的"风筝 .mov"文件放置在"Optical Flares"图层下方作为背景图层，如图 9-23 所示。

图 9-23　重新拖入"风筝 .mov"文件作为背景图层

（6）使用"Ctrl+D"组合键复制"Optical Flares"图层，并将该复制图层拖至"风筝.mov Comp 1"预合成图层下方。单击"Optical Flares"中的"Options"按钮，打开选项窗口，单击"Clear All"（清除所有）并设置新的光晕及光斑效果，如图9-24所示。

图9-24 设置新的光晕及光斑效果

（7）将该图层的"Optical Flares>Foreground Layers>Layer 1>Source Layer"修改为"None"，取消前景图层遮挡关系，并将该图层的"Track Matte"设置为"Luma Matte"模式，如图9-25所示。

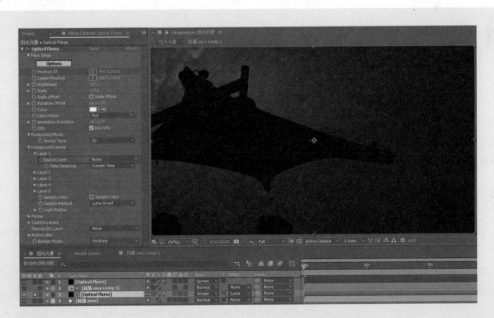

图9-25 新的"Optical Flares"图层蒙版及光晕效果

（8）使用快捷键"Num 0"预览及检查动画，此时"阳光光晕"效果制作完成，如图9-26所示。

图9-26　"阳光光晕"效果动画预览

9.3　Element 3D 三维模型插件

Element 3D 是 Video Copilot 公司出品的三维模型插件，支持 3D 对象在 After Effects 中的材质贴图、动画、合成及渲染工作，同时与众多主流三维软件同步数据对接，使设计师从繁杂的三维动画制作流程中解放出来。该插件采用"OpenGL"程序接口，支持 GPU（显卡）直接参与计算，从而解放 CPU（处理器）获得更高的工作效率。其制作效果如图9-27所示。

9.3.1　Element 3D 三维模型插件的应用

右键单击图层，执行"Effect>Video Copilot> Element"命令，可在该图层上添加"Element 3D"三维模型插件效果。在"Effect Controls"（效果控件）面板中可以看到该插件由"Scene Interface"（场景界面）、"Group"（组）、"Animation Engine"（动画引擎）、"World Transform"（世界变换）、"Custom Layers"（自定义图层）、"Utilities"（实用工具）、"Render Settings"（渲染设置）、"Output"（输出）8个子菜单以及"Render Mode"（渲染模式）选项构成，如图9-28所示。

图 9-27　Element 三维模型插件制作效果展示

（1）Scene Interface（场景界面）：用于布置三维场景。单击"Scene Setup"（场景设置）按钮，会弹出"Scene Setup"（场景设置）窗口。该窗口由菜单栏、工具栏以及"Preview"（预览）、"Presets"（预设）、"Scene Materials"（场景材质）、"Scene"（场景）、"Edit"（编辑）、"Model Browser"（模型浏览器）6 个面板构成，如图 9-29 所示。

（2）Group（组）：可对不同的模型组进行单独控制，共有 5 个组，可控制内容包含"Particle Replicator"（粒子复制器）、"Particle Look"（粒子外观）、"Aux Channels"（辅助通道）、"Group Utilities"（组实用工具）功能。

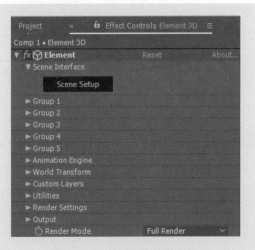

图 9-28　Element 3D 插件的组成

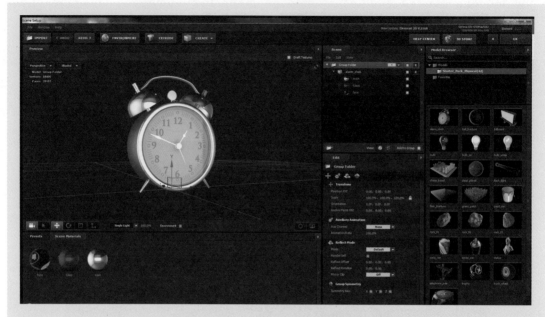

图 9-29　Scene Interface（场景界面）

（3）Animation Engine（动画引擎）：可以使一个模型组向另一个模型组进行变化。

（4）World Transform（世界变换）：调整所有组的位置、偏移、大小以及旋转等。

（5）Custom Layers（自定义图层）：包含"Custom Text and Masks"（自定义文本和蒙版）和"Custom Texture Maps"（自定义纹理贴图）两种功能。

（6）Utilities（实用工具）：可用于为场景模型的表面坐标生成"3D Null"图层，也可导出场景中的 3D 模型，还可对渲染设置及输出参数进行重置。

（7）Render Settings（渲染设置）：用于进一步完善渲染效果，包含"Physical Environment"（物理环境）、"Lighting"（照明）、"Shadows"（阴影）、"Subsurface Scattering"（表面散射）、"Ambient Occlusion"（环境吸收）、"Matte Shadow"（遮罩阴影）、"Reflection"（反射）、"Fog"（雾）、"Motion Blur"（运动模糊）、"Depth of Field"（景深）、"Glow"（发光）、"Ray-Tracer"（光线追踪）、"Camera Cut-off"（摄像机切割）13 个功能以及"Render Order"（渲染顺序）选项。

（8）Output（输出）：用于设置输出通道、模型显示模式、抗锯齿以及调节各通道信息等。

（9）Render Mode（渲染模式）：改变渲染质量及预览速度。

9.3.2　课堂案例——三维文字汇入

案例学习目标：学习使用 Element 3D 插件完成三维文字汇入动画的制作。

案例知识要点：使用文本图层作为 Element 3D 插件的挤压对象，使用"Presets"为文字赋予文本样式及材质，使用"Group"为文字进行分组编辑，使用"Animation Engine"制作文字入场动画，使用"Render Settings"为文字完善渲染效果，使用灯光为文字添加光照效果，使用"Particular""Optical Flares"插件添加辅助效果。效果如图 9-30 所示。

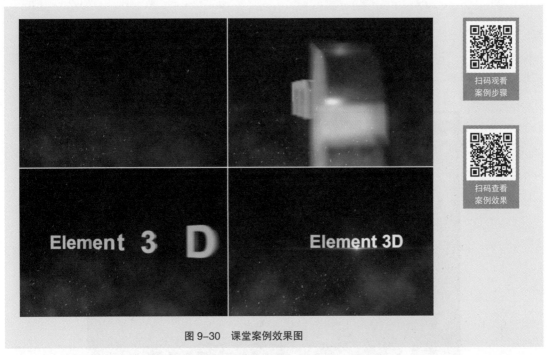

图 9-30　课堂案例效果图

（1）单击项目面板下方的"新建合成"按钮 ，新建一个分辨率为 1 920 像素 ×1 080 像素，帧速率为 25 帧 / 秒，持续时间为 0：00：05：00 的合成，并将该合成命名为"三维文字汇入"。使用"Ctrl+Y"组合键新建一个固态层，命名为"E3D"，并单击"Make Comp Size（制作合成大小）"按钮，使该固态层与合成大小匹配。并创建内容为"Element 3D"的文本图层，文字设置如图 9-31 所示。

图 9-31　文字编辑与设置

（2）右键单击"E3D"图层，执行"Effect>Video Copilot>Element"命令，在该图层上添加"Element"三维模型插件效果。展开"Custom Layers>Custom Text and Masks"，为"Path Layer 1"选择 "Element 3D"文字图层。单击"Scene Setup"进入场景界面，单击工具栏中的"EXTRUDE（挤压）"按钮，即可创建三维文字，如图9-32所示。

图 9-32　创建三维文字

（3）在"Preview"窗口中，可以通过左键拖动鼠标旋转视图，中键拖动鼠标平移视图，使用滚轮缩放视图。选择"Presets"面板，进入"Bevels>Physical"文件夹，可以看到很多文本样式预设，双击其中一个预设即可为三维文字赋予该预设效果，如图9-33所示。

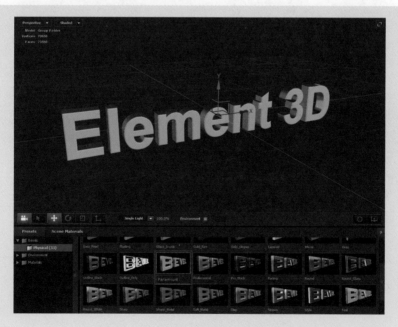

图 9-33　为三维文字赋予文本样式预设

（4）在"Scene"面板中，单击"Group Folder"文件夹右侧的下拉菜单 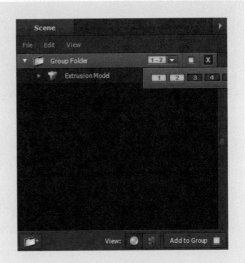，按住"Shift"键的同时单击"2"开关，即可将该文件夹的分组设置为"Group 1"与"Group 2"，如图9-34所示。分组设置自动作用于文件夹及文件夹内所有子级文件。

（5）单击"OK"按钮完成三维文字创建，关闭"Element 3D"文本图层的显示。此时在合成视图面板中可以看到由"Element"插件创建的三维文字。创建摄像机并开启景深效果，如图9-35所示。

（6）选择"E3D"图层，单击"Group 1>Particle Look>Multi-Object>Enable Multi-Object"右侧开关，启用多对象功能，并用同样的方式开启"Group 2"的"Multi-Object"功能。修改"Group 2"中的"Particle Look>Multi-Object>Rotation>Y Rotation Multi"数值，使"Group 2"中的文字字符产生Y轴的旋转角度。此时在合成视图中可以观察到"Group 1"的三维文字依旧保持原状，而"Group 2"的三维文字已产生角度上的变化，如图9-36所示。

图9-34　修改分组设置

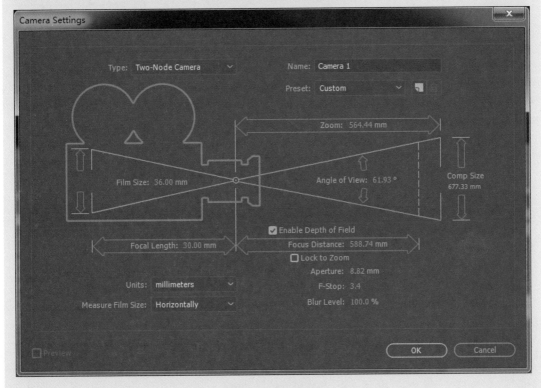

图9-35　创建摄像机

图 9-36　开启与修改多对象功能

（7）向左拖动 "Group 2>Particle Replicator>Position Z" 数值，使 "Group 2" 中的三维文字移动到摄像机后方。单击 "Animation Engine>Enable" 右侧开关，开启动画引擎功能。单击 "Animation" 左侧码表，在 "00:00 ~ 03:00" 时间区间制作 "0% ~ 100%" 数值变化的关键帧动画，如图 9-37 所示。

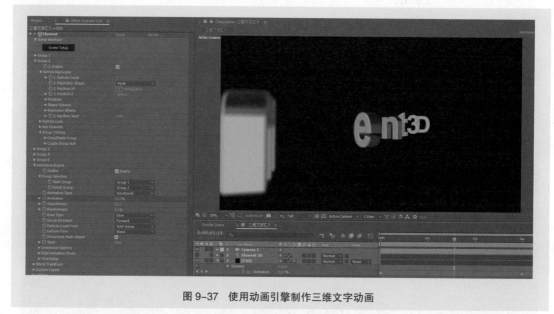

图 9-37　使用动画引擎制作三维文字动画

（8）使用快捷键 "0"（数字）预览动画效果，可以发现三维文字动画与所期望的结果相反。此时可将 "Group Selection（组选择）>Start Group（起始组）" 修改为 "Group 2"，"Finish Group"（结束组）修改为 "Group 1"，动画效果即可符合需求，如图 9-38 所示。

（9）使用 "图表编辑器" 调整 "Animation" 关键帧，如图 9-39 所示。

（10）此时 "三维文字汇入" 动画已基本完成，但三维文字的质感还需进一步调节，例如可以通过添加灯光加强三维文字的明暗关系，制作灯光位移动画在三维文字表面产生扫光效果，如图 9-40 所示。

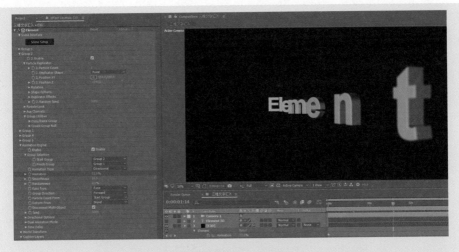

图 9-38　修改起始组与结束组

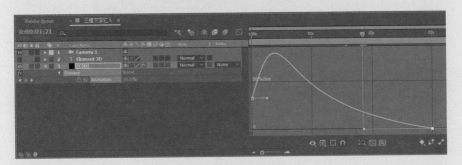

图 9-39　调整动画关键帧曲线

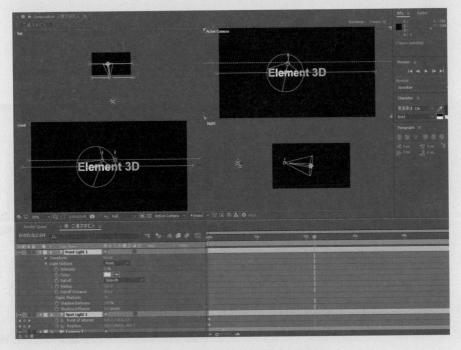

图 9-40　添加灯光及灯光位移关键帧动画

（11）也可以选择修改"Render Settings"中的参数进一步提升三维效果。例如在"Lighting>Add Lighting"（添加照明）中为三维文字添加照明方式，开启"Ambient Occlusion>Enable AO"（开启环境吸收），并将"AO Mode"（环境吸收方式）设置为"Ray-Traced"（光线追踪）方式，将"Motion Blur"设置为"On"（开启）状态并根据需求调整动态模糊采样及快门数值等，如图9-41所示。

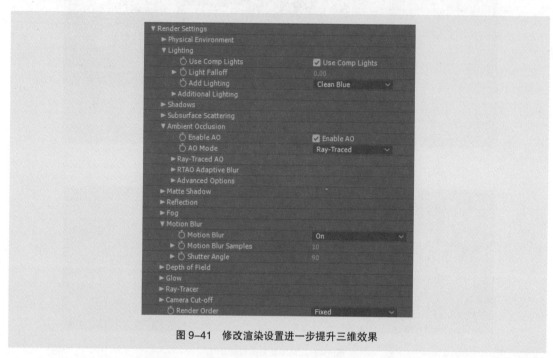

图 9-41　修改渲染设置进一步提升三维效果

144

（12）如三维文字边缘产生锯齿，可将"Output>Multisampling"（多重采样）以及"Supersampling"（超级采样）更改为更高的数值。需要注意的是两者数值越高抗锯齿效果越佳，但渲染速度也会越慢。也可开启"Enhanced Multisampling"（增强多重采样）功能提升抗锯齿效果，如图9-42所示。

图 9-42　抗锯齿设置及效果对比

After Effects CC 数字影视合成案例教程（全彩慕课版）

（13）也可以在合成中通过"Particular"制作烟雾及火星效果，具体设置及效果如图 9-43 和图 9-44 所示。

图 9-43　使用"Particular"插件制作烟雾效果

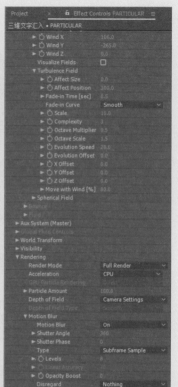

图 9-44 使用"Particular"插件制作火星效果

（14）还可以在合成中通过"Optical Flares"添加光晕效果，具体设置及效果如图 9-45 和图 9-46 所示。此时"三维文字汇入"动画制作完成。

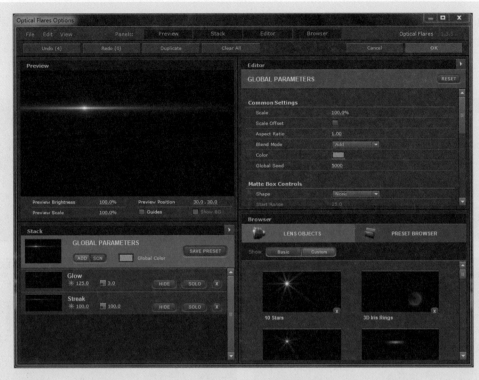

图 9-45　"Optical Flares"光效设置

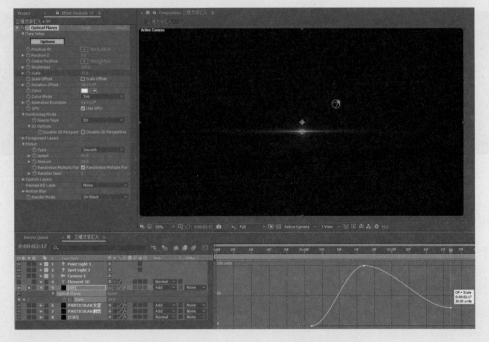

图 9-46　"Optical Flares"参数设置及效果预览

9.4 Plexus 三维网格插件

Plexus 是 Rowbyte 公司出品的三维点线面网格插件，可以生成由点线面构成的艺术效果。该插件以模块化、流程化方式进行效果的创建与操作，为创建不同类型的运动图形动画提供了极大的灵活性。其制作效果如图 9-47 所示。

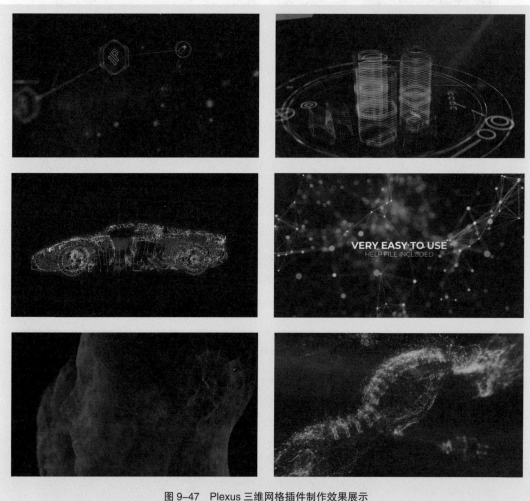

图 9-47   Plexus 三维网格插件制作效果展示

9.4.1   Plexus 三维网格插件的应用

右键单击图层，执行"Effect>Rowbyte> Plexus"命令，可在该图层上添加"Plexus"三维网格插件效果。此时会弹出一个"Plexus Object Panel"浮动面板，我们可以根据需求保持浮动面板状态，也可以放置在 After Effects 界面中。该面板由"Add Geometry"（添加生成器）、"Add Effector"（添加效果器）、"Add Renderer"（添加渲染器）、"Add Group"（添加组）4 个模块以及"Layer"（层）列表构成，如图 9-48 所示。

（1）Add Geometry（添加生成器）：包含"Layers"（图层）、"Paths"（路径）、"OBJ"（模

型）、"Primitives"（基本图形）、"Instances"（实例）、"Slicer"（切片）6种生成器类型。制作"Plexus"三维网格效果，必须添加至少一个生成器。

（2）Add Effector（添加效果器）：包含"Noise"（噪波）、"Spherical Field"（球形场）、"Container"

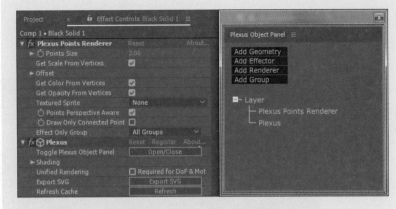

图 9-48　Plexus 插件与浮动面板

（容器）、"Transform"（变换）、"Color Map"（颜色贴图）、"Shade Effector"（阴影效果器）、"Sound Effector"（声音效果器）7种效果器类型，可以影响点线面的位置、大小、颜色等属性。需要注意的是，多个效果器之间的层级堆栈关系会影响最终呈现效果。

（3）Add Renderer（添加渲染器）：包含"Points"（点）、"Lines"（线）、"Facets"（面）、"Triangulation"（三角面）、"Beams"（放射）5种渲染器类型。制作"Plexus"三维网格效果，必须添加至少一个渲染器。

（4）Add Group（添加组）：为多个生成器、效果器以及渲染器添加组属性，使相同或不同的组之间产生不同的效果或相互影响。

（5）Layer（层）：通过层列表可以方便用户查看及调整生成器、效果器以及渲染器之间的排列顺序和组的设置。

9.4.2　课堂案例——点线面汇聚文字

案例学习目标：学习使用 Plexus 插件完成点线面汇聚文字动画的制作。

案例知识要点：使用"Paths"作为文本图层的生成器，使用"Points""Lines""Triangulation"作为渲染器，使用"Noise"制作点线面汇聚文字动画。效果如图9-49所示。

图 9-49　课堂案例效果

（1）单击项目面板下方的"新建合成"按钮，新建一个分辨率为 1 920 像素 ×1 080 像素，帧速率为 25 帧 / 秒，持续时间为 0:00:05:00 的合成，并将该合成命名为"点线面汇聚文字"。在合成中创建一个内容为"点线面汇聚文字"的文本图层，文字设置如图 9-50 所示。

图 9-50　创建文本图层

（2）选择"点线面汇聚文字"文本图层，使用"Ctrl+D"组合键复制该图层，并开启"点线面汇聚文字 2"文本图层的三维开关。将文本颜色修改为"#0090FF"值后拖曳该文本图层至"点线面汇聚文字"文本图层下方并暂时关闭该图层的显示。

（3）右键单击"点线面汇聚文字"文本图层，执行"Effect>Rowbyte>Plexus"命令，在该图层上添加"Plexus"三维网格插件效果。在"Plexus Object Panel"浮动面板上单击"Add Geometry"按钮，选择"Paths"，添加路径生成器，如图 9-51 所示。

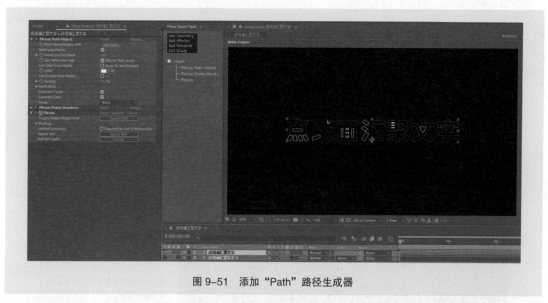

图 9-51　添加"Path"路径生成器

（4）单击"Add Renderer"按钮，选择"Lines""Triangulation"，添加线渲染器及三角面渲染器。设置"Plexus Path Object"（路径生成器）的"Color"颜色为"#00A2FF"值，如图 9-52 所示。

图 9-52 添加所需渲染器并设置生成器颜色

（5）为"Plexus Points Renderer"（Plexus 点渲染器）、"Plexus Lines Renderer"（Plexus 线渲染器）、"Plexus Triangulation Renderer"（Plexus 三角面渲染器）调整参数，如图 9-53 所示。

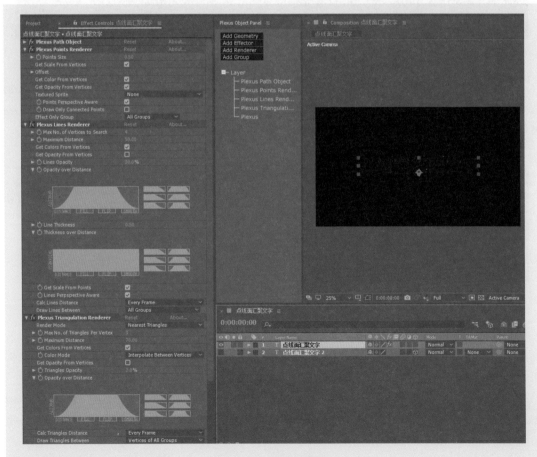

图 9-53 调整渲染器参数

（6）使用"Ctrl+Y"组合键新建一个名为"BG"的图层，单击"Make Comp Size"使该图层与合成大小一致。单击"OK"确定后，右键该图层执行"Effect>Gradient Ramp（渐变）"命令，将"Start Color"设置为"#001A3D"值，"End Color"设置为"#000000"值，如图9-54所示。

图9-54　设置合成背景

（7）选择"点线面汇聚文字"文本图层，在"Plexus Object Panel"浮动面板上单击"Add Effector"按钮，选择"Noise"，添加噪波效果器。开启"Plexus Noise Effector>Noise Amplitude（噪波幅度）"左侧码表，制作该属性的关键帧动画，如图9-55所示。

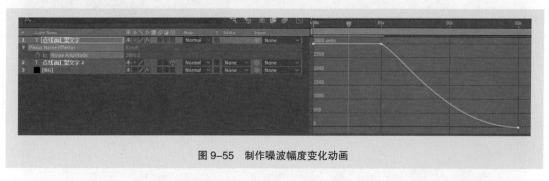

图9-55　制作噪波幅度变化动画

（8）新建摄像机并开启景深效果，新建并使用开启3D开关的"Null"图层作为摄像机的父级，制作"Y Rotation"旋转动画。摄像机也可根据需求制作镜头推拉及景深变化动画等，如图9-56所示。

（9）单击"点线面汇聚文字"文本图层，在"Effect Controls"中开启"Plexus"下的"Unified Rendering"（统一渲染）开关，将"Depth of Field"（景深）设置为"Camera Settings"（摄像机设置）模式，如图9-57所示。

（10）为"点线面汇聚文字2"文本图层制作不透明度动画并开启显示，如图9-58所示。

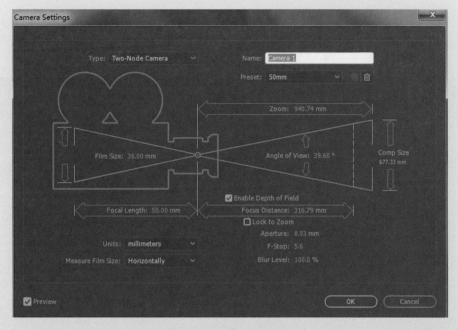

图 9-56　制作摄像机动画

图 9-57　开启景深效果

图 9-58　制作不透明度动画

（11）将"点线面汇聚文字""点线面汇聚文字 2"两个文本图层的混合模式修改为"Add"模式，如图 9-59 所示。此时"点线面汇聚文字"动画制作完成。

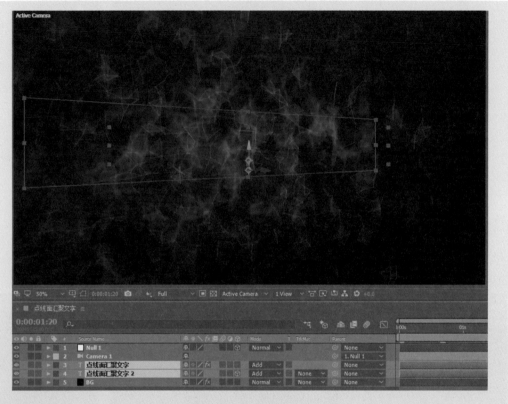

图 9-59　设置混合模式

9.5　Primatte Keyer 抠像插件

Primatte Keyer 是 Red Giant 公司出品的"Keying Suite"抠像系列中一款功能强大的抠像插件，主要用于视频抠像，具备渲染快、效果好等优势，是后期抠像合成技术中必不可少的插件之一。其制作效果如图 9-60 所示。

图 9-60　Primatte Keyer 抠像插件制作效果展示

图 9-60　Primatte Keyer 抠像插件制作效果展示（续）

9.5.1　Primatte Keyer 抠像插件的应用

　　右键单击图层，执行"Effect>Primatte>Primatte Keyer"命令，可在该图层上添加"Primatte Keyer"抠像插件效果。在"Primatte keyer"面板中可以看到该插件由"Deartifacting"（预处理）、"Keying"（键控）、"Alpha Controls"（Alpha 控件）、"Composite Controls"（复合控件）4 个子菜单构成，如图 9-61 所示。

　　（1）Deartifacting（预处理）：在为不同类型的素材进行抠像前进行预处理，从而提高抠像精度。在"Mode"选项中包含"None""DV/HDV""HDCAM""Other"4 种模式。

　　（2）Keying（键控）："Primatte Keyer"的主要操作区域，包含"Auto Compute"（自动计算）、"View"（查看）、"Selection"（选择）、"Correction"（修正）、"Refinement"（微调）5 大功能。除了 5 大功能外，还包含"Adjust Light On/Off"（调整光照开 / 关）、"Sample On/Off"（取样开 / 关）、"Sampling Style"（取样方式）、"Smart Sample On/Off"（智能取样开 / 关）4 个功能。

（3）Alpha Controls（Alpha 控件）：用来修改抠像的遮罩区域，包含"Gamma"和"Alpha Cleaner"两个部分，可以减少遮罩中的区域及噪点。

（4）Composite Controls（复合控件）：主要设置抠像完成后的合成效果，包含"Background Layer"（指定背景图层）选项以及"Spill Killer"（溢出清除）、"Color Matcher"（色彩匹配）、"Light Wrap"（边缘光融合）3 个功能。

9.5.2　课堂案例——古装剧背景合成

案例学习目标：学习使用 Primatte Keyer 插件完成古装剧背景合成制作。

案例知识要点：使用"Select"对画面进行抠像及抠像区域调整，使用"View"观察抠像通道，使用"Correction"处理遮罩边缘，使用"Composite Controls"改善合成效果。效果如图 9-62 所示。

（1）双击"Project"项目面板，弹出"导入素材"对话框。将案例中所需要的素材导入到项目面板中，使用"Ctrl+S"组合键保存项目，将工程命名为"古装剧背景合成"，然后选择保存位置对该项目文件进行保存。再将"古装剧镜头绿幕 .mov"文件拖到"Project"项目面板下方的"新建合成"按钮 上，新建一个与该文件匹配的合成，并将该合成命名为"古装剧背景合成"。右键单击"古装剧镜头绿幕 .mov"，执行"Effect>Primatte> Primatte Keyer"命令，在该图层上添加"Primatte Keyer"抠像插件效果。单击"Keying>Adjust Light On/Off"开关开启调整光照功能，该功能可在一定程度上减少因背景光照不均匀而影响抠像的困难程度。单击"Keying>Selection>Select>SELECT BG（选择背景）"图标后，在合成视图面板中单击画面的绿色区域，完成初步的抠像工作，如图 9-63 所示。

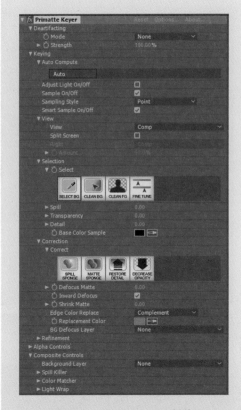

图 9-61　Primatte Keyer 插件

扫码观看　　扫码查看
案例步骤　　案例效果

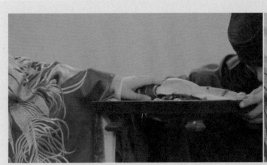

图 9-62　课堂案例效果图

图 9-63　选择背景完成初步抠像工作

（2）单击"CLEAN BG"（清除背景）图标，在合成视图中按住鼠标左键不放并在残留的绿色背景上划动，松开左键即可完成残留背景的清除工作，同时也会清除部分前景内容。需单击"CLEAN FG"（清除前景）图标，用同样的方式还原被抠除的前景内容。该过程需要反复调整，直至达到初步的理想效果，如图 9-64 所示。

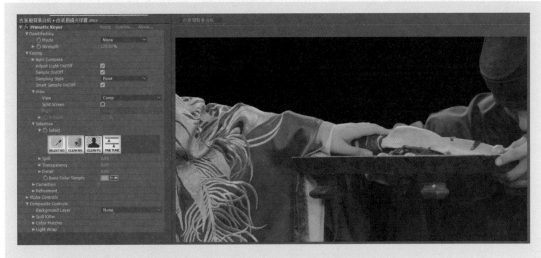

图 9-64　使用"Selection"工具达到初步理想效果

（3）单击"View"右侧的下拉菜单，选择"Matte"模式，可观察遮罩效果。黑色区域为被抠除的完全透明内容，灰色区域为半透明内容，白色区域为保留的不透明内容。使用"View"模式可以在抠像过程中检查抠像内容，并使用"Selection"工具进一步调整，如图 9-65 所示。

（4）将"View"切换为"Comp"模式，在"Correction"中调整"Defocus Matte"（柔和遮罩）和"Shrink Matte"（收缩遮罩）的数值，使前景边缘适当柔和并减少绿色边缘，如图 9-66 所示。

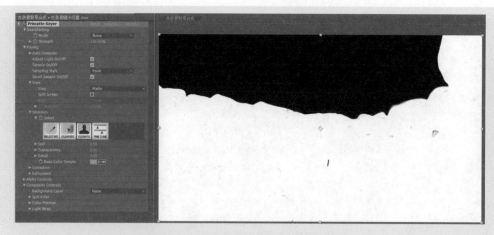

图 9-65　使用"View"模式观察抠像内容

图 9-66　边缘处理

（5）新建一个"Null"图层，为"古装剧镜头绿幕 .mov"图层执行"Track Motion"命令后，将跟踪结果指定到"Null"图层上，如图 9-67 所示。

图 9-67　新建一点跟踪

（6）将"bg.jpg"拖入到合成中的"古装剧镜头绿幕 .mov"图层下方，使用"Parent"父级继承到"Null"图层上，并调整"bg.jpg"图层的位置及大小，如图 9-68 所示。

图9-68 调整"bg.jpg"图层的位置及大小

（7）右击"bg.jpg"图层，执行"Effect>Blur & Sharprn>Camera Lens Blur"命令，为该图层添加镜头模糊效果。选择"古装剧镜头绿幕.mov"图层，将"Composite Controls>Background Layer"指定为"bg.jpg"，并调整该图层与背景图层的合成效果，如图9-69所示。此时"古装剧背景合成"效果制作完成。

图9-69 调整合成效果

9.6 课后习题——燃烧文字

习题知识要点：掌握多款插件的使用，使用"Element"插件制作三维文字，使用"Particular"插件制作光线效果，使用"Plexus"插件制作点线面背景，使用"Optical Flares"插件制作出字体光效及光线光晕。效果如图9-70所示。

扫码观看
案例步骤

扫码查看
案例效果

图9-70 "燃烧文字"效果图

10

第 10 章
综合实战

▶ **本章导读**

　　本章通过综合实战案例对 After Effects 软件的综合运用技巧进行讲解。通过本章的学习，读者可以对 After Effects 动画制作流程及知识点的综合运用有一个全面的、深刻的了解，有助于在制作与完善项目的过程中，应用所学的知识点，举一反三，高质量地完成各类项目的制作任务。

知识目标
- 熟练掌握形状图层的综合运用。
- 熟练掌握关键帧动画与图表编辑器的使用。
- 熟练掌握蒙版与遮罩的综合运用。
- 熟练掌握三维图层、摄像机及灯光的综合运用。
- 熟练掌握滤镜及插件的综合运用。
- 熟练掌握图层的层级关系、继承、混合模式的使用。

技能目标
- 掌握"Logo 演绎"动画的制作方法。
- 掌握"栏目导视"动画的制作方法。
- 掌握"产品功能介绍"动画的制作方法。

综合实战

10.1 课堂案例——LOGO 演绎

案例学习目标：学习综合使用形状图层、关键帧动画、滤镜等功能，完成动画制作。

案例知识要点：使用形状图层绘制所需元素，使用关键帧动画制作形状图层的运动变化，使用滤镜添加图层视觉效果。效果如图 10-1 所示。

工程整理打包

扫码观看 案例步骤 1
扫码观看 案例步骤 2
扫码观看 案例步骤 3
扫码观看 案例步骤 4
扫码观看 案例步骤 5
扫码观看 案例步骤 6
扫码观看 案例步骤 7
扫码查看 案例效果

图 10-1　课堂案例效果图

（1）单击项目面板下方的"新建合成"按钮，新建一个分辨率为 1920 像素 × 1080 像素，帧速率为 25 帧/秒，持续时间为 0:00:07:00 的合成，并将该合成命名为"LOGO 演绎"。使用"Ctrl+Y"组合键新建一个用于制作合成背景的固态层，命名为"BG"，并单击"Make Comp Size"（制作合成大小）按钮，使该固态层与合成大小匹配。在该图层上右键执行"Effect>Generate>Gradient Ramp"命令，调整"End of Ramp"的数值后单击"Swap Colors"（颜色对换）按钮，将"Start Color" "End Color"的颜色进行对换，并修改"End Color"的颜色，如图 10-2 所示。

图 10-2　创建合成及设置背景图层

（2）取消选择"BG"图层后，使用快捷键"G"切换到"钢笔工具"，在合成视图中按住"Shift"键在视图中心正上方位置绘制一条短的竖线形状，并将该形状图层命名为"放射线01"，如图10-3所示。

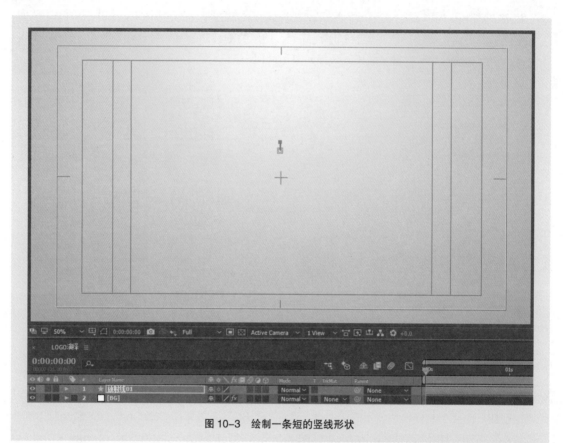

图 10-3　绘制一条短的竖线形状

（3）选择"放射线01"形状图层的"Contents"属性，单击右侧的"Add"图标，添加"Repeater"（中继器）效果器和"Trim Paths"（修剪路径）效果器。注意"Shape""Trim Paths""Repeater"之间的层级关系，即先通过"Trim Paths"修剪"Shape"的路径，再通过"Repeater"复制修剪路径后的效果，如图10-4所示。

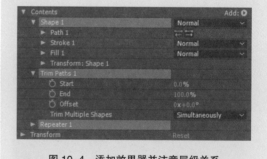

图 10-4　添加效果器并注意层级关系

（4）展开"Repeater 1"效果器卷展栏，将"Copies"（复制）设置为"8"。展开"Transform: Repeater 1"变换属性卷展栏，将"Position"修改为"0.0，0.0"，再将"Rotation"修改为"0x45.0°"。此时"Repeater 1"效果器将复制结果以旋转形式进行复制，如图10-5所示。

（5）展开"Trim Paths 1"效果器卷展栏，制作"Start"与"End"属性的关键帧动画，使放射线产生生长与消失的动画效果，并调节关键帧的时间插值，如图10-6所示。

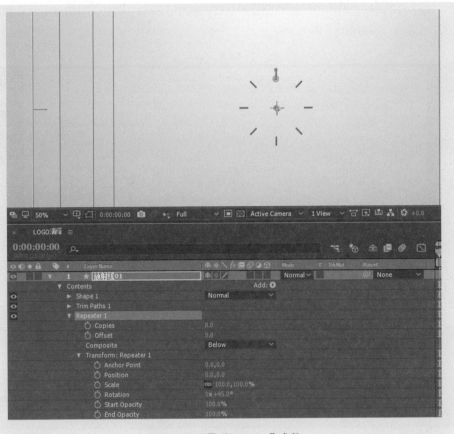

图 10-5　设置 "Repeater" 参数

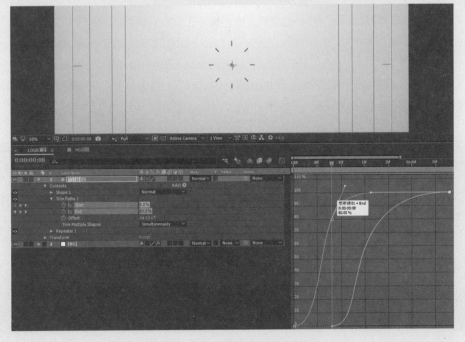

图 10-6　制作放射线生长与消失的动画

（6）展开"Shape 1>Path 1"形状路径卷展栏，制作"Path"路径上移的关键帧动画，并调节关键帧的时间插值，如图 10-7 所示。

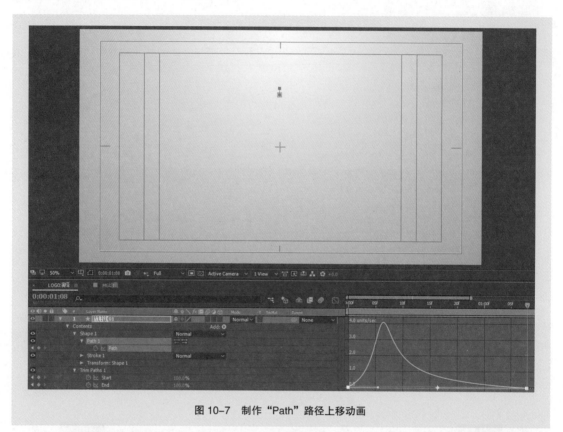

图 10-7　制作"Path"路径上移动画

（7）取消选择"放射线 01"形状图层后，使用椭圆工具在合成视图中按住"Shift"键绘制正圆形状，并将该形状图层命名为"八角圆"。展开"Contents>Ellipse 1>Transform：Ellipse 1"，将"Position"设置为"0.0，0.0"，此时正圆会居中到合成视图中央。删除"Ellipse"中的"Fill 1"属性，并为"Stroke 1"设置描边颜色及"Stroke Width"（描边宽度）的关键帧动画，并调节关键帧的时间插值，如图 10-8 所示。

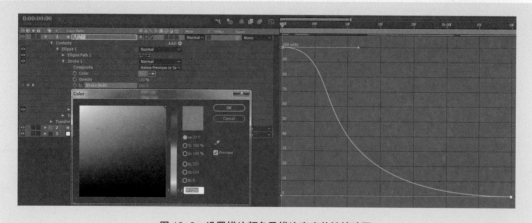

图 10-8　设置描边颜色及描边宽度关键帧动画

（8）展开"Contents>Ellipse 1>Ellipse Path 1"，为"Size"制作关键帧动画，并调节关键帧的时间插值，如图 10-9 所示。

图 10-9　设置"八角圆"大小变化的关键帧动画

（9）使用快捷键"S"展开"八角圆"形状图层的缩放属性，制作"0%～100%"的缩放动画，并调节关键帧的时间插值，如图 10-10 所示。

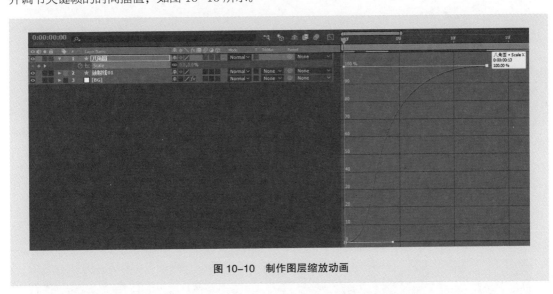

图 10-10　制作图层缩放动画

（10）展开"八角圆"形状图层的"Contents"卷展栏，选择"Ellipse 1"属性后单击右侧的"Add"图标，添加"Zig Zag"效果器。调整"Zig Zag 1"效果器中的"Size"与"Ridges per segment"（每段背脊数）数值，并将"Points"选项设置为"Smooth"模式，并将"八角圆"形状图层向后拖动 3 帧，如图 10-11 所示。

（11）使用相同的方法，制作"蓝 / 橙圆""细圆环""蓝 / 橙旋转线""放射线""橙箭头""粗圆环"等形状图层动画，如图 10-12 所示。

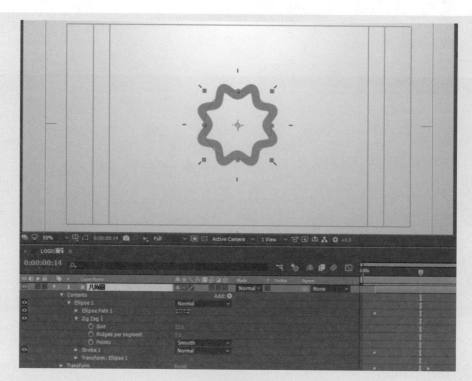

图 10-11 添加并调整"Zig Zag"效果器

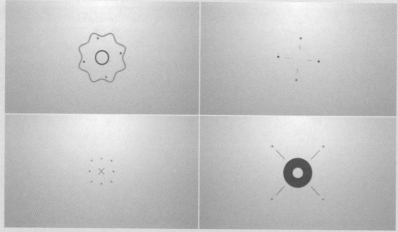

图 10-12 制作其他形状图层动画

（12）使用"Track Matte"将"MATTE"形状图层作为"齿轮"形状图层的Alpha反转通道，即可实现齿轮镂空动画效果，如图10-13所示。

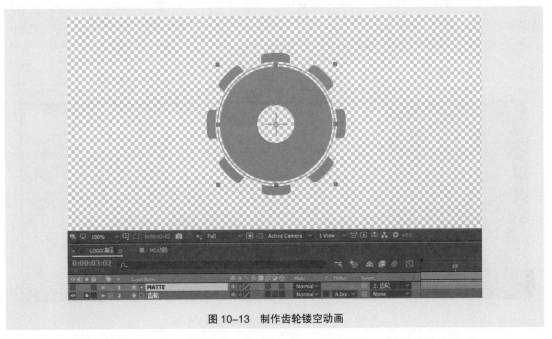

图10-13　制作齿轮镂空动画

（13）选择所有形状图层，右键执行"Pre-compose"命令，将所有形状图层合并到同一预合成中，并将该预合成命名为"MG动画"。双击"MG动画"进入预合成中，制作"LOGO底板"形状图层动画，并创建内容为"MG"的文本图层。右击该图层，执行"Effect>Perspective>Bevel Alpha（斜面Alpha）"与"Effect>Perspective>Drop Shadow（投影）"命令，添加滤镜，并调整两个滤镜的参数，如图10-14所示。

图10-14　为文本图层添加并调整滤镜效果

（14）选择所有形状图层，右击执行"Pre-compose"命令，将所有形状图层合并到同一个预合成中，并命名为"MG 动画"。选择"MG 动画"图层，右键执行"Effect>Generate>Fill"命令并设置填充颜色为黑色，右键执行"Effect>Blur & Sharpen>CC Radial Fast Blur"（CC 快速放射模糊）命令，调整"Center"（中心）和"Amount"（数量）的数值，右击执行"Effect>Blur & Sharpen>Gaussian Blur（高斯模糊）"命令，调整"Blurriness"（模糊度）数值，如图10-15 所示。

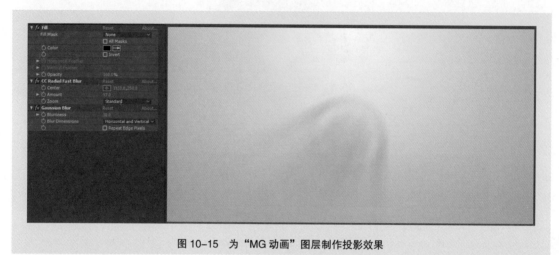

图 10-15　为"MG 动画"图层制作投影效果

（15）此时可看出投影效果需要加强。选择"MG 动画"图层，使用"Ctrl+D"组合键复制该图层并修改滤镜的参数，如图 10-16 所示。

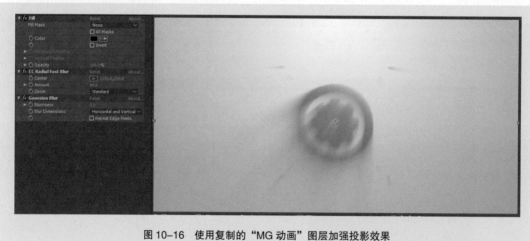

图 10-16　使用复制的"MG 动画"图层加强投影效果

（16）选择上方的"MG 动画"图层，使用"Ctrl+D"组合键复制该图层并删除该图层所有滤镜效果，再次复制该图层并对复制图层右键执行"Effect>Generate>Fill"命令，并设置填充颜色为黑色，右键执行"Effect>Perspective> Bevel Alpha"命令，并修改该图层混合模式为"Add"模式，如图 10-17 所示。

（17）新建一个分辨率为 1 920 像素 × 1 080 像素，帧速率为 25 帧 / 秒，持续时间为 0 : 00 : 07 : 00 的合成，并将该合成命名为"反射效果"。按住"Shift"键使用"矩形工具"在合成视图左上方绘制一个正方形，并将该形状图层命名为"天花板效果"。删除"天花板效果"图层中的"Stroke 1"效果，并将"Fill 1"效果的颜色修改为白色。选择"天花板效果 >Contents"中的"Rectangle 1"属性后，单击右侧的"Add"图标 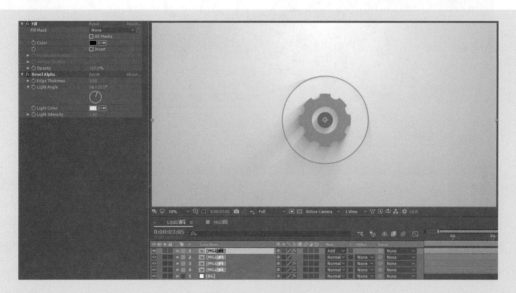，添加"Repeater"效果器，调整"Copies"和"Transform：Repeater 1"参数，如图 10-18 所示。

（18）再次选择"天花板效果 >Contents"中的"Rectangle 1"属性后，单击右侧的"Add"图标 ，添加第 2 个"Repeater"效果器，调整"Copies"和"Transform：Repeater 2"参数，如图 10-19 所示。

图 10-17　完善细节

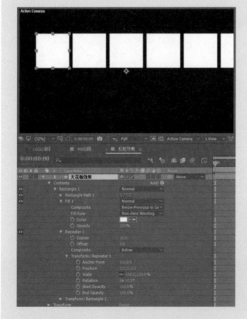

图 10-18　制作第 1 层天花板效果

图 10-19　制作第 2 层天花板效果

（19）开启"天花板效果"图层的3D开关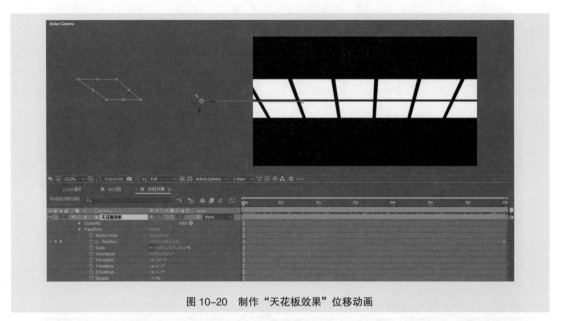，将该图层的"XRotation"属性设置为"0x+60°"，并制作"天花板效果"从左到右的位移动画，如图10-20所示。

图 10-20　制作"天花板效果"位移动画

（20）返回"LOGO演绎"时间线面板，复制第1层的"MG动画"图层，删除所有滤镜效果后，将"反射效果"合成放置在该图层下方，并将遮罩设置为"Alpha"模式。使用快捷键"T"降低该图层的不透明度，如图10-21所示。

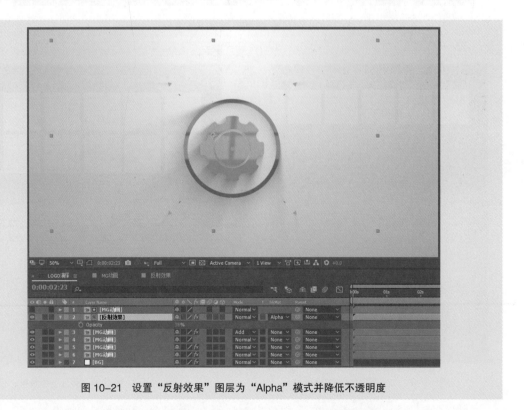

图 10-21　设置"反射效果"图层为"Alpha"模式并降低不透明度

（21）新建一个"Null"图层，并使用"Parent"将所有预合成链接到"Null"图层上，然后为"Null 图层"添加缓慢缩放动画效果，如图 10-22 所示。此时"LOGO 演绎"动画制作完成。

图 10-22　使用"Null"图层制作缓慢缩放动画

10.2　课堂案例——栏目导视

案例学习目标：学习综合使用蒙版、遮罩、形状图层、滤镜、插件等功能完成动画制作。

案例知识要点：使用"Particular"插件制作三维图形背景，使用"4-Color Gradient"滤镜制作背景及场景元素的四色渐变效果，使用蒙版、遮罩、形状图层制作基本图形动画，使用 3D 图层制作图片三维变换效果。效果如图 10-23 所示。

扫码观看
案例步骤 1

扫码观看
案例步骤 2

扫码观看
案例步骤 3

扫码观看
案例步骤 4

扫码观看
案例步骤 5

扫码查看
案例效果

图 10-23　课堂案例效果图

（1）单击项目面板下方的"新建合成"按钮，新建一个分辨率为 1 920 像素 ×1 080 像素，帧速率为 25 帧 / 秒，持续时间为 0:00:05:00 的合成，并将该合成命名为"BG"。使用"Ctrl+Y"组合键新建一个用于制作合成背景的固态层，命名为"BG"，并单击"Make Comp Size"（制作合成大小）按钮，使该固态层与合成大小匹配。在该图层上右键执行"Effect>Generate>Gradient Ramp"命令，调整"Start of Ramp"与"End of Ramp"的数值后单击"Swap Colors"（颜色对换）按钮，将"Start Color""End Color"的颜色进行对换，并修改"End Color"的颜色，如图 10-24 所示。

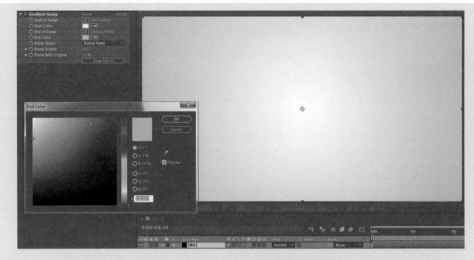

图 10-24　创建合成及设置背景图层

（2）使用"Ctrl+Y"组合键新建一个固态层，命名为"四色渐变"，在该图层上右键执行"Effect>Generate> 4-Color Gradient"命令，调整"Point 1""Point 2""Point 3""Point 4"4个点坐标位置，将"Color 1""Color 2""Color 3""Color 4"4种颜色分别设置为"#0000FF""#00FFE4""#00FFE4""#0000FF"颜色，并调整"Blend"（混合）参数，然后将该图层混合模式设置为"Screen"模式，如图 10-25 所示。

图 10-25　设置四色渐变效果

（3）使用"Ctrl+Y"组合键新建一个固态层，命名为"Particular"。在该图层上右键执行"Effect>RG Trapcode>Particular"命令，单击"Designer"按钮，打开"Trapcode Particular Designer"面板，在左侧"PRESETS"自动隐藏面板中选择"Single System Presets>Abstract and Geometric>Bucky Balls"预设效果，并在右侧"Master System(主系统)>EMITTER TYPE(发射器类型)"面板中设置"Emitter Type"为"Box"类型，并调节发射器相关参数，使发射器在Y轴向上的长度超过合成视图的高度，如图 10-26 所示。

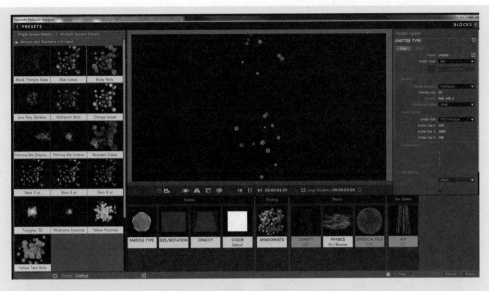

图 10-26 应用预设并设置发射器参数

（4）接下来需要对粒子的生命周期以及粒子外观形态和基本运动形态进行调整。选择下方的"MOTION"（运动）选项，在"Master System>MOTION"面板中将"Velocity Random"（随机速度）设置为"100%"。选择"PARTICLE TYPE"（粒子类型）选项，在"Master System>PARTICLE TYPE"面板中将"Life[sec]"（生命 [秒]）属性设置为"10"，将"Life Random"（生命随机）属性设置为"0%"。选择"SIZE/ROTATION"（尺寸 / 旋转）选项，在"Master System> SIZE/ROTATION"面板中调整"Size"（尺寸）、"Size Random"（随机尺寸）、"Random Rotation"（随机旋转）、"Rotation Speed Z"（Z 方向旋转速度）、"Random Speed Rotate"（随机旋转速度）属性的数值，如图 10-27 所示。

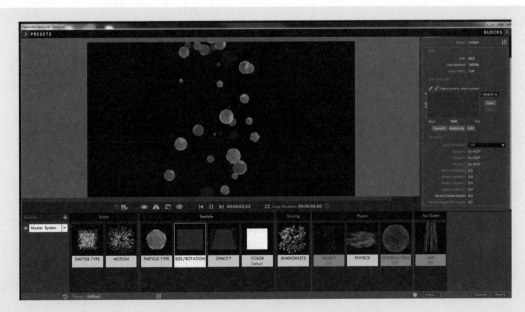

图 10-27 应用预设并设置粒子尺寸 / 旋转参数

（5）在"Preview"面板中可以观察到粒子随着出生到消失的过程中存在着不透明度的变化。选择"OPACITY"（不透明度）选项，在"Master System>OPACITY"面板中将"PRESETS"选项设置为无衰减效果，如图10-28所示。

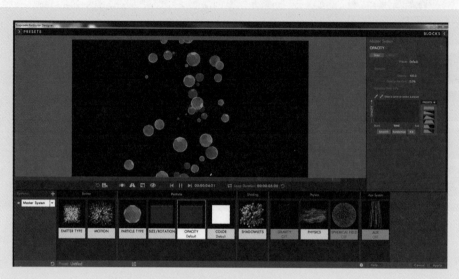

图 10-28 设置衰减

（6）由于"Bucky Balls"预设默认开启了粒子之间的阴影效果，需要手动关闭。选择"SHADOWLETS"（阴影）选项，在"Master System>SHADOWLETS"面板中将"Shadowlet for Mian"（粒子间阴影开关）选项设置为"Off"模式，然后选择"PHYSICS"选项，在"Master System>PHYSICS"面板中开启"Air Resistance Rotation"（空气旋转阻力）开关，调节"Air Resistance"（空气阻力）、"Wind X"（X轴风向）、"Wind Y"（Y轴风向）、"Affect Position"（湍流影响位置）、"Evolution Speed"（演变速度）属性数值，使粒子产生向右上方飘动并带有湍流运动的效果，如图10-29所示。

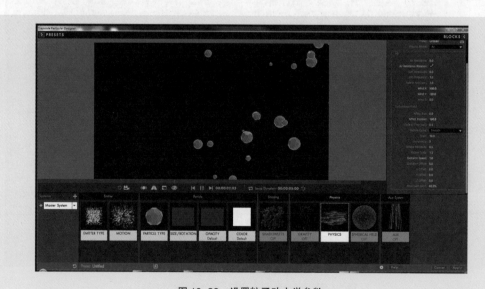

图 10-29 设置粒子动力学参数

（7）单击右下角的"Apply"（应用）按钮，在"Effect Controls"面板中展开"Emitter（Master）"子菜单，调整"Position"参数数值，使粒子从画面左侧飞入画面，如图10-30所示。

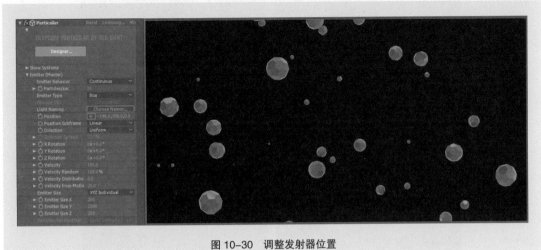

图 10-30　调整发射器位置

（8）接下来制作第2层粒子效果。展开"Show Systems"子菜单，单击"Add a System"（添加粒子系统）按钮，此时会弹出"Trapcode Particular Designer"窗口，该窗口默认设置"System 2"粒子系统。在左侧"PRESETS"自动隐藏面板中选择"Single System Presets>Abstract and Geometric>Yellow Pyramids"预设效果，设置"Emmitter Type""Particles/Sec""Emmitter Size"属性，如图10-31所示。

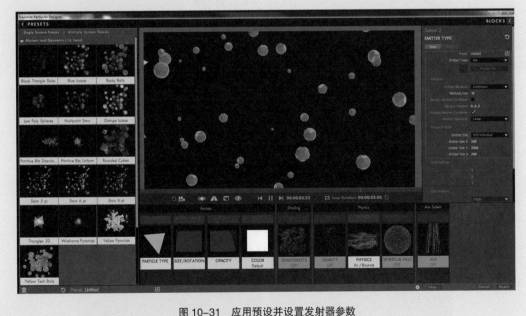

图 10-31　应用预设并设置发射器参数

（9）使用与第1层粒子（主要粒子）相同的调整方法调整第2层粒子的"MOTION""PARTICLE TYPE""SIZE/ROTATION""OPACITY"选项中的参数，如图10-32和图10-33所示。

图 10-32　调整"MOTION""PARTICLE TYPE"参数

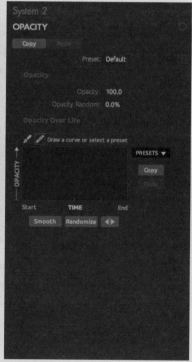

图 10-33　调整"SIZE/ROTATION""OPACITY"参数

（10）鼠标指针停留在"SHADOWLETS"选项时会出现"删除"图标▣和"关闭"图标◙，单击"删除"图标可以删除相应选项使该效果不再起作用，单击"关闭"图标可以临时关闭相应选项。删除"SHADOWLETS""GRAVITY""PHYSICS""SPHERICAL FIELD"4个选项，如图10-34所示。

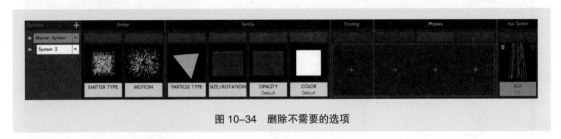

图10-34　删除不需要的选项

（11）新建一个与合成大小相同的白色固态层。双击"椭圆工具"为该图层创建椭圆形状的蒙版，调整该蒙版的"Mask Feather"与"Mask Expansion"数值，将"Particular"图层的遮罩选项设置为"Alpha Inverted Matte"模式，使"Particular"图层中间产生半透明渐变状态，如图10-35所示。

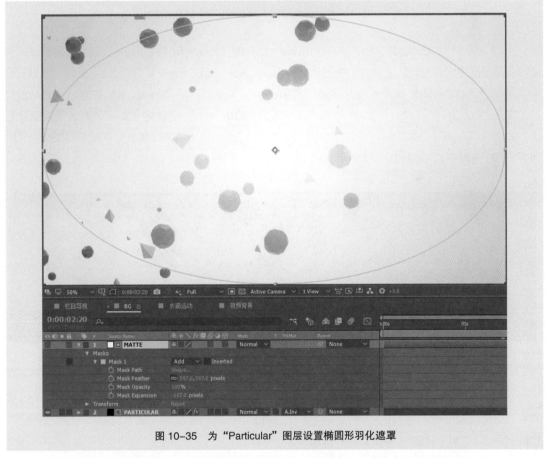

图10-35　为"Particular"图层设置椭圆形羽化遮罩

（12）新建一个分辨率为1 920像素×1 080像素，帧速率为25帧/秒，持续时间为0:00:05:00的合成，并将该合成命名为"水滴运动"。使用"椭圆工具"和"圆角矩形工具"绘制一个包含"正圆"与"圆角矩形"的形状图层，并将该图层命名为"水滴运动"，如图10-36所示。

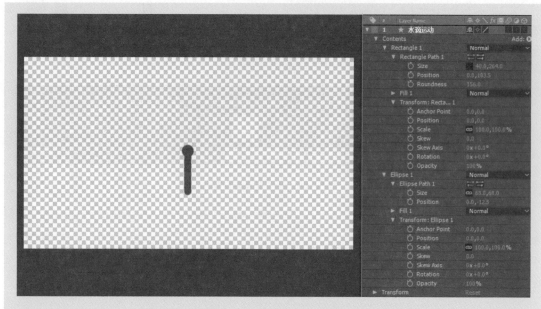

图 10-36　创建包含"正圆"与"圆角矩形"的形状图层

（13）制作"Rectangle Path"与"Ellipse"形状的"Size"和"Position"属性关键帧动画，使形状图层产生水滴出现、上升并消失的动画效果。"Rectangle Path 1"形状的"Size"关键帧数值从左至右依次为"40，40""40，488""40，40""0，0"，"Position"关键帧数值从左至右依次为"0，313"，"0，-106""0，-336"，"Ellipse 1"形状的"Size"关键帧数值从左至右依次为"0，0""68，68""68，68""0，0"，"Position"关键帧数值从左至右依次为"0，313""0，-338"，如图 10-37 所示。

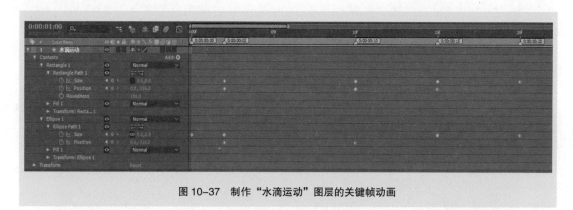

图 10-37　制作"水滴运动"图层的关键帧动画

（14）对"水滴运动"图层右键执行"Effect>Generate>4-Color Gradient"命令，设置"4-Color Gradient"滤镜的 4 个顶点位置及颜色。4 种颜色依次为"#CD33A5""#CD336D""#F96666""#F98466"，如图 10-38 所示。

（15）新建一个分辨率为 1 920 像素 ×1 080 像素，帧速率为 25 帧 / 秒，持续时间为 0：00：05：00 的合成，并将该合成命名为"视频背景"。运用所学知识，制作视频背景所需要的形状图层动画，如图 10-39 所示。

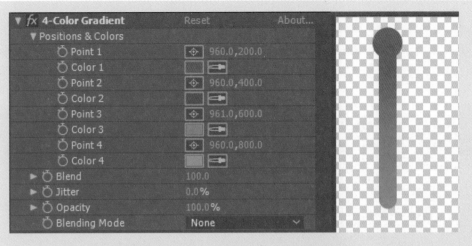

图 10-38　设置"水滴运动"图层的四色渐变效果

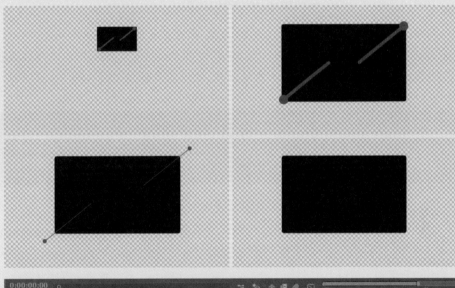

图 10-39　制作"视频背景"关键帧动画

（16）按住"Alt"键单击"底"图层的"Scale"码表，启用该属性的表达式功能。在表达式输入框内输入图 10-40 所示的内容，其中"amp"（振幅）、"freq"（频率）、"decay"（衰减）所对应的数值可以根据需求进行更改。需要注意的是，表达式的所有英文字母、数字及符号内容必须以英文输入法进行输入。输入完毕之后，该属性的关键帧动画结束时将产生"弹性"的运动效果。

图 10-40　使用弹性表达式

（17）新建一个分辨率为 1 920 像素 ×1 080 像素，帧速率为 25 帧 / 秒，持续时间为 0∶00∶05∶00 的合成，并将该合成命名为"栏目导视"。将"BG""水滴运动""视频背景"3 个合成拖曳至该合成的时间线面板中，并调整层级关系和"视频背景"时间线的起始位置，如图 10-41 所示。

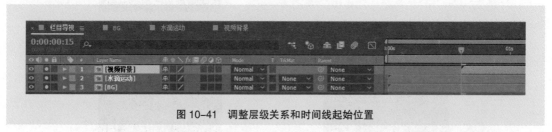

图 10-41　调整层级关系和时间线起始位置

（18）选择"水滴运动"图层，右键执行"Effect>Matte>Simple Choker（简单阻塞工具）"命令，调整"Choke Matte"（阻塞遮罩）属性的数值，使"水滴运动"图层产生融化边缘的效果。选择"视频背景"图层，重复上述步骤后，制作"Choke Matte"属性数值由高到低变化的关键帧动画，如图 10-42 所示。

（19）开启"水滴运动""视频背景"两个图层的 3D 图层开关。选择"视频背景"图层后，使用"Ctrl+D"组合键复制，并将下层的"视频背景"图层混合模式设置为"Overlay"模式。选择上层的"视频背景"图层，右键执行"Effect>Generate>4-Color Gradient"命令，设置"4-Color Gradient"滤镜的 4 个顶点位置及颜色。4 种颜色依次为"#FFFF00""#FF5A00""#FF00FF""#0000FF"，并将"Blend"属性设置为"400"，如图 10-43 所示。

（20）将"风景 .jpg"素材拖曳至"栏目导视"时间线面板中，并使用圆角矩形工具创建一个命名为"MATTE"的形状图层。修改该图层的"Rectangle"与"Transform"中的属性，使形状大小、锚点及位置与"视频背景"图层相匹配。开启"风景 .jpg""MATTE"两个图层的 3D 图层开关，双击进入"视频背景"合成，使用"Ctrl+C"组合键复制"底"图层的"Scale"属性，再回到"栏目导视"时间线面板，选择"MATTE"图层，使用"Ctrl+V"组合键粘贴复制的属性，并调整两个关键帧位置，将"风景 .jpg"的遮罩设置为"Alpha"模式，如图 10-44 所示。

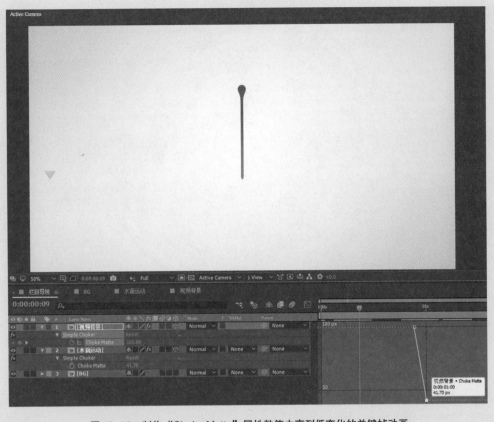

图 10-42 制作"Choke Matte"属性数值由高到低变化的关键帧动画

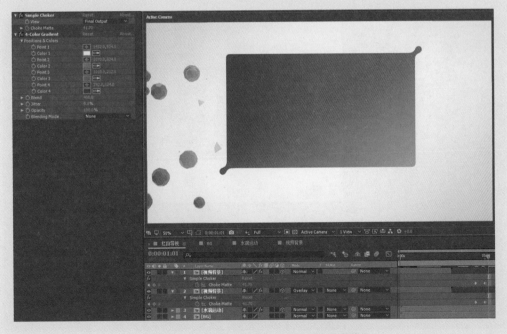

图 10-43 设置"视频背景"图层的四色渐变效果

图 10-44　制作"风景 .jpg"的遮罩与遮罩动画

（21）新建一个与合成大小相同的固态层并命名为"STROKE"。使用快捷键"G"切换到"钢笔工具"，参考位于该图层下方的"视频背景"与"风景 .jpg"图层的合成效果，绘制多条蒙版。右键执行"Effect>Generate>Stroke（描边）"命令，制作"End"属性关键帧动画。开启该图层的 3D 图层开关，并将混合模式设置为"Overlay"模式，如图 10-45 所示。

图 10-45　制作描边动画效果

（22）新建一个"Null"图层并开启 3D 图层开关，将"BG""水滴运动""视频背景""风景.jpg""MATTE""STROKE"6 个图层父级继承到"Null"图层上，制作"Null"图层的"Position"和"Y Rotation"属性的关键帧动画并调整关键帧的时间插值，如图 10-46 所示。

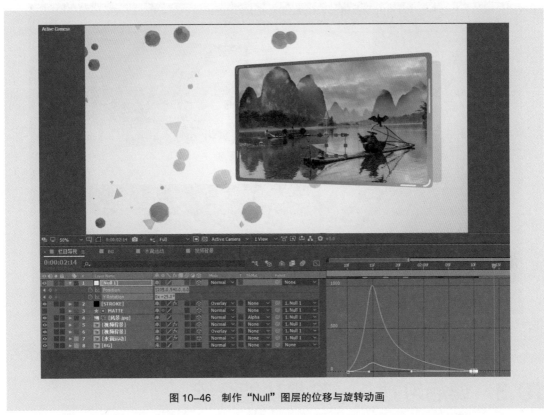

图 10-46　制作"Null"图层的位移与旋转动画

（23）运用所学知识，制作"文字版"图层的蒙版动画与文本图层的不透明度变化动画，并使用"4-Color Gradient"滤镜为"文字版"图层添加四色渐变效果，如图 10-47 所示。

图 10-47　制作"文字版"图层与文本图层出场动画

（24）运用所学知识，制作"文字版"底部图层的蒙版动画，并使用"Fill"滤镜为该图层添加颜色填充效果，如图 10-48 所示。此时"栏目导视"动画制作完成。

图 10-48 制作"文字版"底部图层动画

10.3 课后习题——产品功能介绍

习题知识要点：使用"Plexus"制作三维空间背景，使用"Element"制作手表模型及线框扫描动画，使用"Particular"制作飞舞的粒子，使用 3D 图层、灯光、摄像机制作说明文本框效果，并使用滤镜、蒙版、遮罩、形状图层、文本动画、图层混合模式等功能完善最终效果。效果如图 10-49 所示。

图 10-49 "产品功能介绍"效果图